DER FARBENKREIS

DER FARBENKREIS

Beiträge zu einer goetheanistischen Farbenlehre
zur Erarbeitung der Farbenlehre Goethes und ihrer Erweiterung

Herausgegeben vom Goethe-Farbenstudio am Goetheanum,
Dornach/Schweiz

DER FARBENKREIS

Beiträge zu einer goetheanistischen Farbenlehre

Heft 2

VERLAG FREIES GEISTESLEBEN

CIP-Kurztitelaufnahme der Deutschen Bibliothek

Der **Farbenkreis:** Beitr. zu e. goetheanist.
Farbenlehre / Goethe-Farbenstudio am Goetheanum
Dornach/Schweiz. — Stuttgart: Verlag Freies Geistesleben
Erscheint jährl.
1981, H. 1-

Einband: Katharina Eisleben

Satz und Druck: Druckerei Hans Hawelka, Stuttgart
ISBN 3 7725 0352 7

Inhalt

Vorbemerkung

Es sei hier zunächst freudig vermerkt, daß die *Farbenlehre Goethes,* mit den *Einleitungen und erläuternden Kommentaren Rudolf Steiners,* im Frühjahr vorigen Jahres neu herausgekommen ist. Sie erschien im Verlag „Freies Geistesleben, Stuttgart" als dreibändige Taschenbuchausgabe in einer Kassette, herausgegeben von Gerhard Ott und Heinrich O. Proskauer (zu dem sehr günstigen Preis von DM 38,—). Sie wird in den folgenden Beiträgen einfach „Neuausgabe" genannt.

Zu den Arbeiten des vorliegenden Heftes ist zu erinnern: Hat man die grundlegende Wahrheit von Goethes „Urphänomen", von dem Zusammenwirken von Licht und Finsternis (Stofflichkeit) auf *allen* Gebieten, wo Farbe entsteht, durchschaut, so ergibt sich mit Notwendigkeit die Aufgabenstellung: die nach Goethes Zeit neu entdeckten Farbphänomene nach jener Grundgesetzmäßigkeit abzuleiten. Es war das ja auch die Absicht des wohl kompetentesten Vertreters und Verfechters von Goethes Werk: Rudolf Steiners, — schrieb er doch schon in der Einleitung zur Farbenlehre: „Sollte ich dereinst das Glück haben, Muße und Mittel zu besitzen, um eine Farbenlehre im Goetheschen Sinne ganz auf der Höhe der modernen Errungenschaften der Naturwissenschaft zu schreiben, so wäre in einer solchen allein die angedeutete Aufgabe zu lösen", nämlich, wie der Satz vorher besagt: „... die zu Goethes Zeit noch unbekannten Erscheinungen der Farbenlehre aus seinem Prinzip abzuleiten" (Neuausgabe, Bd. 1, S. 29).

Das Leben brachte ihm andere Aufgaben, doch hat er auch später immer wieder in die gleiche Richtung verwiesen. Seine naturwissenschaftlichen Fachkurse, vor allem derjenige: „Geisteswissenschaftliche Impulse zur Entwickelung der Physik" (Rudolf-Steiner-Gesamtausgabe GA 320) nehmen diese Aufgaben in Angriff, wenn auch für seine Schüler hier noch sehr viel zu tun bleibt.

In der Richtung dieser Aufgabenstellung liegt die Arbeit von

Dr. Rudolf Maier „Das Urphänomen der Lichtbeugung“ (1923), deren Bedeutung Gerhard Ott im ersten Beitrag hervorhebt und die er im Sinne des Verfassers und Goethes weiterführt.

Die Frage „Was ist Licht?“ — oftmals recht voreilig gestellt — wird von Goethe nur mit größter Zurückhaltung und Vorsicht beantwortet. Kommt er doch zu ganz anderen Begriffen als bloß mechanistischen, wie diejenigen der Physik noch immer sind. Der Beitrag „Licht und Auge“ behandelt diese Fragen.

Die Steigerung der „Mutterfarbe“ *Gelb* (siehe Goethes „Versuch, die Elemente der Farbenlehre zu entdecken“, Neuausgabe, Bd. 2, S. 75 ff.) über Orange und Rot zum Purpur ist leicht nacherlebbar, scheint doch das warme Gelb seine Verwandtschaft zum Rot schon beim ersten Anblick auszusprechen. Daß aber das kalte *Blau* sich ebenfalls zum Purpur hin, über das Violett, steigern und vertiefen läßt, ist ihm nicht so ohne weiteres anzusehen. Der Aufsatz über das Violett von Gerhard Ott bringt hierfür willkommene Verständnishilfen.

Die schematische Zeichnung zum Verständnis der atmosphärischen Farben durch Goethes Urphänomen von Peter Stebbing hätten wir gerne farbig wiedergegeben. — Wir meinen, daß die Freunde der Farbenlehre sich solche schematische Zeichnungen, schön koloriert, anfertigen sollten, sich und anderen zur Belehrung. Denken wir an die Mahnung Goethes:

„Freunde, flieht die dunkle Kammer,
Wo man euch das Licht verzwickt
Und mit kümmerlichstem Jammer
Sich verschrobnen Bildern bückt.
Abergläubische Verehrer
Gab's die Jahre her genug,
In den Köpfen eurer Lehrer
Laßt Gespenst und Wahn und Trug.

Wenn der Blick an heitern Tagen
Sich zur Himmelsbläue lenkt,
Beim Siroc der Sonnenwagen
Purpurrot sich niedersenkt:
Da gebt der Natur die Ehre,

Froh, an Aug' und Herz gesund
Und erkennt der Farbenlehre
Allgemeinen ewigen Grund."

Und für die passive Seite:

Steht vor dem Finstern milchig Grau,
Die Sonne bescheint's, da wird es Blau.
Auf Bergen, in der reinsten Höhe,
Tief Rötlichblau ist Himmelsnähe.
Du staunest über die Königspracht,
Und gleich ist sammetschwarz die Nacht."

Dornach, Herbst 1980 *Heinrich O. Proskauer*

Rudolf Steiner über die Undulationstheorie des Lichts

„Man hat heute (1921) nicht so das Bedürfnis, alles dieses Exaktlinige zu berechnen innerhalb der Lichterscheinungen, wie das noch vor vierzig, fünfunddreißig Jahren geschehen ist. Es ist außerordentlich interessant natürlich, auf all die Finessen zu kommen, aber sie sind ein Rechnungsresultat, und der ganze maßgebende Beweis eigentlich für dieses Rechnungsresultat wird ja im Interferenzversuch gesehen. Heute steht der Interferenzversuch so da, daß er einer neuen Erklärung bedarf. Das gibt die Physik von heute zu."

(Aus „Geisteswissenschaftliche Impulse zur Entwickelung der Physik", 1. naturwissenschaftlicher Kurs von Rudolf Steiner, Rudolf-Steiner-Gesamtausgabe, GA 320)

„Die mathematischen Urteile sind, wie alle andern, die Ergebnisse gewisser Voraussetzungen, die angenommen werden müssen. Nur wenn diese Voraussetzungen in richtiger Weise auf die Erfahrung angewendet werden, dann muß die letztere auch den Schlußfolgerungen entsprechen. Umgekehrt darf aber nicht geschlossen werden. Eine Tatsache der Erfahrung kann ganz gut mit mathematischen Schlußfolgerungen, zu denen man gekommen ist, übereinstimmen, und doch können in der Wirklichkeit andere Voraussetzungen bestehen, als sie die mathematische Naturforschung macht. Wenn z. B. die Lichterscheinungen der Interferenz und Beugung mit den Folgerungen der Undulationstheorie stimmen, so braucht die letztere deshalb durchaus noch nicht richtig zu sein. Es ist überhaupt eine ganz falsche Voraussetzung, daß eine Hypothese richtig sein muß, wenn sich die Tatsachen der Erfahrung aus ihr erklären lassen. Dieselben Wirkungen können auch verschiedenen Ursachen entstammen, und es ist notwendig, die Berechtigung der angenommenen Voraussetzungen *unmittelbar* zu erweisen, nicht auf dem Umwege durch eine Bestätigung vermittelst der Folgen."

(Rudolf Steiner in einer Fußnote zu dem Aufsatz Goethes: „Newtons Persönlichkeit", Neuausgabe der Farbenlehre Goethes, Stuttgart 1979, Bd. 3, S. 229—237)

§ 389: „Die Paroptischen Farben wurden bisher perioptische genannt, weil man sich eine Wirkung des Lichts gleichsam um den Körper herum dachte, die man einer gewissen Biegbarkeit des Lichtes nach dem Körper hin und vom Körper ab zuschrieb."

(Goethe, Farbenlehre, Kap. XXXII. Paroptische Farben. Neuausgabe Bd. 1, S. 177 ff.)

„*Paroptische Farben.* Wenn wir eine ziemlich stark beleuchtete Fläche so betrachten, daß zwischen ihr und unserem Auge ein undurchsichtiger Körper ist, der sie zum Teile zudeckt, so erscheint der Rand des letzteren unterbrochen und von dem Körper durch das Licht ein Stückchen herausgeschnitten. Man schrieb das lange Zeit einer gewissen Anziehung der Materie auf das Licht zu. In den Ann. bemerkt Goethe (1806): ‚Bei den paroptischen Farben leugnete man die Beugung und leitete die farbigen Streifen von Doppellichtern her.' "

(Fußnote Rudolf Steiners zu diesem § 389)

Vorbemerkung zu dem nachstehenden Aufsatz von Rudolf E. Maier

In einer längst vergriffenen Arbeit: „Der Villardsche Versuch, eine Experimentaluntersuchung“ (Stuttgart 1923) von Dr. Rudolf E. Maier hat der Autor des nachstehenden Aufsatzes in glänzender Weise gezeigt, wie eine im Sinne der Erkenntnistheorie Rudolf Steiners durchgeführte Untersuchung überraschende Richtigstellungen erbrachte bei der Ausdeutung eines physikalischen Versuches, der angeblich auf „ Beugungserscheinungen“ des Lichtes beruhen sollte. Wohl von dieser Problematik der „Beugungserscheinungen des Lichtes“ ausgehend, kam Rudolf Maier dann dazu, nach dem *„Urphänomen“* dieser „Beugungs“-Erscheinungen selbst zu suchen und dieses, soweit er es durchführen konnte, klarzustellen. Der Aufsatz über diese Untersuchungen erschien erstmals in der Zeitschrift „Die Drei“, Heft XII, im Jahre 1923 und später, im Jahre 1965, als Wiederabdruck, durch Heinrich O. Proskauer veranlaßt, in der Zeitschrift „Gegenwart“ (Bern).

Mir wurde die Arbeit um die Jahreswende 1976/77 ebenfalls durch Herrn Proskauer neu zugänglich gemacht, und ich mußte mir sagen, daß alles getan werden müsse, diese bedeutsame Arbeit auch weiterhin in der Diskussion zu erhalten. Auch müsse womöglich dort eine Weiterführung versucht werden, wo eine solche sich aus der Arbeit selbst ergäbe und wo sie der zu früh verstorbene Verfasser († 1943) selbst nicht weiterführen konnte.

Es soll daher die Arbeit hier nochmals in ihrer ersten Fassung wieder abgedruckt werden. Im Anschluß daran soll versucht werden, sie ein Stück im Geiste sowie in der Denkweise und Zielsetzung des Autors weiterzuführen, vor allem aber ihren Gehalt zu würdigen und ins rechte Licht zu stellen.

Gerhard Ott

RUDOLF E. MAIER

Das Urphänomen der Lichtbeugung

Phänomene der Lichtbeugung kennen wir in der Physik längst in großer Zahl. Ihre eigentliche Ursache ist dagegen noch nicht ergründet. Man hat zwar Theorien (Wellenlehre des Lichtes u. a.) erfunden, um daraus die Beugungserscheinungen sich erklären zu können. Allein eine dem Wesen der Dinge gerecht werdende Erklärung können diese Theorien nicht geben, weil sie vom eigentlichen Problem ablenken und auf Gebiete führen, welche eine Erkenntnis im tieferen Sinne ausschließen. Hier soll eine Lösung des Problems angegeben werden, welche der Annahme hypothetischer Ursachen nicht bedarf, sich vielmehr auf eine neue Beobachtung stützt, welche mit einfachsten Hilfsmitteln von jedermann nachgeprüft und in ihrer Bedeutung als eigentlicher Ursache der komplizierten Beugungserscheinungen leicht begriffen werden kann. Es ist früher ausführlich gezeigt worden, wie die innerhalb der anthroposophischen Geistesrichtung angegebene Methodik des physikalischen Erkennens in der Experimentalforschung richtig zu leiten versteht, wie mittels derselben es möglich war, die irrtümliche Auffassung einer physikalischen Anordnung zu erkennen, die man bisher für geeignet hielt, das Phänomen der Beugung hervorzurufen, während sie in Wirklichkeit darauf beruht, daß ein Körper, der in der Anordnung ganz oder teilweise leuchtend wird, sich in ganz gewöhnlicher Weise abbildet.[1] In dieser Arbeit kann gezeigt werden, wie das in jener Veröffentlichung eingeschlagene Verfahren nicht allein zur Berichtigung falsch ausgelegter experimenteller Anordnungen dienen kann, sondern auch zu neuen positiven Resultaten hinführt. Von der in jener Veröffentlichung genauer behandelten Anordnung wurde gezeigt: In ihr kann das Phänomen der Lichtbeugung nicht beobachtet werden. Hier soll eine Anordnung angegeben werden, welche Beugung des Lichts als Phänomen in einer Art und Weise aufweist, wie sie bisher noch nicht beobachtet worden ist. Indem bei der aufgestellten Versuchsanordnung ein

Zweifel über Wesentliches und Unwesentliches der Versuchsbedingungen nicht bestehen kann, liegt auch die Bedeutung des neu Beobachteten offen zu tage. Es muß als Urphänomen der Lichtbeugung angesprochen werden, weil es sich um eine unter einfachsten Bedingungen auftretende physikalische Erscheinung handelt, aus der die bereits bekannten Beugungsphänomene abgeleitet und verstanden werden können.

Fig. 1

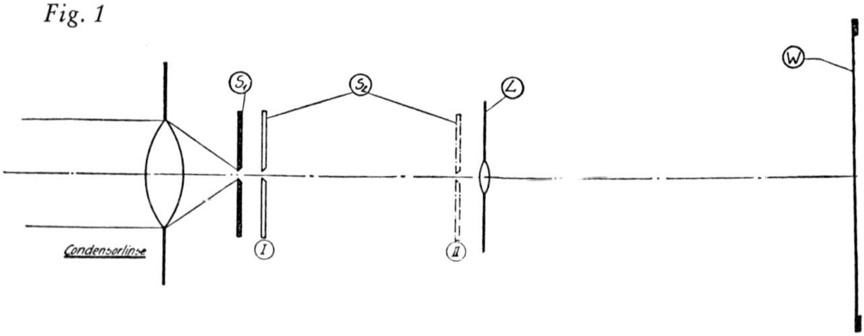

Das Wesentliche der vielen heute bekannten Anordnungen zur Hervorrufung von Lichtbeugungen kann man sich an dem in Figur 1 dargestellten Schema vergegenwärtigen. S_1 ist ein von einer Lichtquelle unter Zuhilfenahme einer Linse beleuchteter Spalt, S_2 eine zweite derartige Vorrichtung. Beide können je nach Bedarf enger und weiter gestellt werden. S_2 kann an beliebigem Ort zwischen S_1 und der Linse L angebracht werden, wobei aber darauf zu achten ist, daß er in der optischen Achse der Linse L verbleibt. Zunächst wird ohne S_2 vom beleuchteten Spalt S_1 durch die Linse L auf dem Projektionsschirm W ein deutliches scharfes Bild hervorgerufen. Nach Anbringung von S_2, ohne daß sonst irgend etwas verändert worden ist, erscheint auf dem Schirm W das vorher deutliche Bild verwaschen. Es wird undeutlich und verbreitert sich, ferner treten zu beiden Seiten desselben feine farbige Streifen auf, deren Breite wechselt. Je enger der Spalt S_2 und je mehr S_2 von S_1 entfernt ist, um so undeutlicher und breiter wird das ursprünglich vorhandene scharfe Bild, um so breiter werden die zu beiden Seiten desselben auftretenden farbigen sogenannten Beugungsstreifen (s. Fig. 2 u. 3).

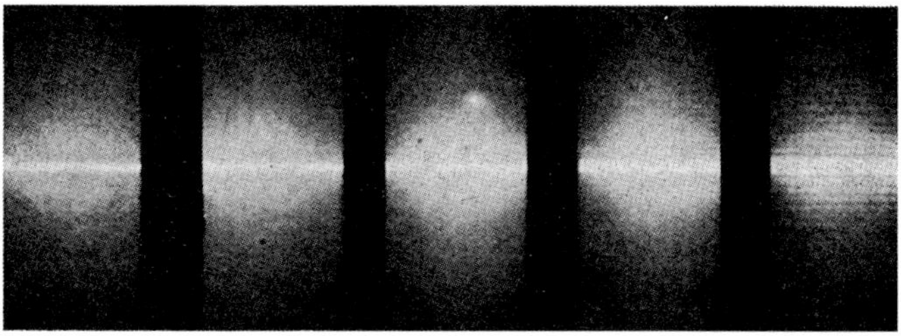

Fig. 2: Beugungsstreifen bei 5 Stellungen des Spaltes S_2 um I (s. Fig. 1).

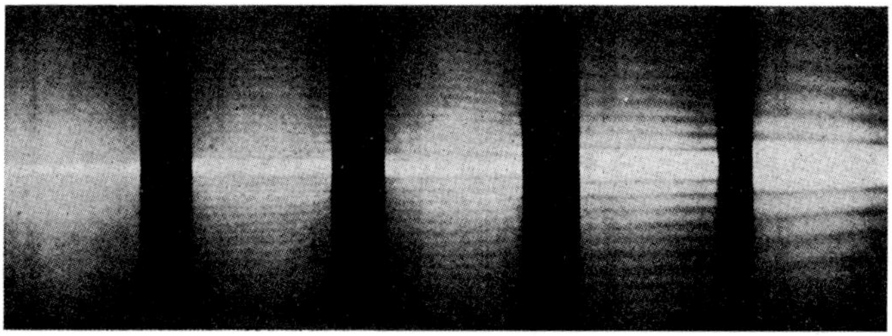

Fig. 3: Beugungsstreifen bei 5 Stellungen von S_2 um II.

Will man nun die in dieser Anordnung vorliegenden, das Auftreten von Beugung bestimmenden Bedingungen herausholen, so braucht man sich nur vorzustellen, Spalt S_2 sei zunächst gar nicht vorhanden. Dann hat man einfach den Vorgang der physikalischen Bildentstehung gegeben. Die Bedingungen dieses Vorganges sind allgemein bekannt. Sie bestehen hauptsächlich in gewissen Eigenschaften der optischen Linse, sie drücken sich in der bekannten Gesetzmäßigkeit aus, welche den Zusammenhang zwischen Gegenstands- und Bildentfernung, beziehungsweise Brennweite der Linse, ausspricht,[2] das Öffnungsverhältnis der Linse ist bestimmend für die Bildhelligkeit usw. Worauf es in erster Linie ankommt, ist, einfach einmal ins Auge zu fassen, daß das physikalische Bild die optischen Eigenschaften eines leuchtenden Körpers wiederholt, oder wie man auch sagen kann, daß die Form des leuchtenden Körpers in diesen Eigenschaften wiederersteht. Hat man dies als wesentlich beim Vorgang der physikalischen Bildentstehung erfaßt, so weiß man auch ganz genau, was auf dem Projektionsschirm ohne Spalt S_2 einzig und allein vorhanden sein kann: eine Lichtlinie, deren Breite sich nach der Öffnung des Spaltes S_1 richtet.

Man kann sich nunmehr unschwer auch genau vorstellen, was in der beschriebenen Anordnung der Fall sein muß, sobald S_1 weggelassen und S_2 angebracht ist. Da kann auf dem Projektionsschirm kein deutliches scharfes Bild mehr entstehen, sondern nurmehr ein unscharfes verwaschenes. S_2, wenn nicht allzuweit von S_1 entfernt, würde sich auf einem Schirm scharf abbilden können, dessen Entfernung von der Linse größer ist als diejenige des Projektionsschirms W. Es ist daher klar, die Bilderscheinung von S_2 schon auf W aufgefangen, muß einen verbreiterten undeutlichen Lichtstreifen ergeben. Damit hat man aber eine zweite wesentliche Bedingung für das Entstehen der Beugungserscheinungen von Figur 2 und 3 ausgesprochen: ein unscharfes Bild des Spaltes S_2, das heißt eine Erscheinung, welche nicht gleichmäßig hell ist, sondern in gewissen Übergängen von größter Helligkeit zur völligen Dunkelheit sich abstuft, ein nicht scharf begrenztes Etwas, was in Halbschatten vom Hellen ins Dunkle übergeht.

Zur Entstehung der Beugungserscheinungen von Figur 2 und Figur 3 tragen also zwei Faktoren hauptsächlich bei. Der eine Faktor besteht in dem von Spalt S_1 hervorgerufenen scharfen Bilde, der andere in jenem unscharf begrenzten Etwas, was von größter Helligkeit zur völligen Dunkelheit in gewissen Stufen übergeht. Es ist nicht einfach, diese ineinander übergehenden Stufen genau zu fassen, weil sie je nach gegenseitiger Lage der Spalte, Linse, Schirm, je nach Beleuchtungsart sehr kompliziert gestaltet sind. Eine Anschauung jedoch läßt sich leicht davon verschaffen. Jeder kennt das Verwaschenwerden der Gegenstände des Zimmers, wenn man sie durch eine Lupe (Leseglas) betrachtet, oder auch was eintritt, wenn man in der Photokamera nicht scharf einstellt.

Ganz klar jedoch steht fest, was den ersten Faktor betrifft, *ein scharfes reelles Linsenbild.* Den zweiten Faktor aber kann man sich durch Ableitung aus ersterem entstanden denken. Dadurch ist auch der Ausdruck gerechtfertigt, *ein unscharfes Bild.* Zum Auftreten der Beugung muß nun beides zusammenwirken. Da hat man also die Überlagerung des scharfen Bildes durch jenes unscharfe begrenzte Etwas, was vom Hellen ins Dunkle übergeht, und dieses gegenseitige Überlagern bringt ein vorher nicht unmittelbar zu erwartendes Neues hervor: *Farben*streifen. Das ist das Merkwürdige, daß Farben auftreten, und es ist gut, dieses Merkwürdige nicht als selbstverständlich einfach hinzunehmen, sondern sich darüber klar zu werden und sich zu fragen, wie kommen auf einmal die Farben herein, wo doch vorher, weder beim einen oder andern Faktor allein, von Farbe etwas zu bemerken war. Man stößt hier auf das eigentliche Geheimnis der Beugungsphänomene, und deshalb ist es gut angebracht, über die Merkwürdigkeit des Neuhinzukommens der Farbe nicht hinwegzugleiten. Sich besinnend, muß man vielmehr an diesem Punkte einsetzen und sich die Frage vorlegen: *Wo* mag die eigentliche Ursache davon liegen?

Beim Bestreben, gegenüber dem beschriebenen Beugungsversuch das Wesentliche der darin steckenden Bedingungen für das Auftreten von Beugung herauszuholen, ist man also auf die Eigentümlichkeit gestoßen, daß zwei Erscheinungen (ein scharfes und ein unscharfes Bild), welche beide an sich keine Farbe aufweisen (es ist zur Beleuchtung von S_1 gewöhnliches Licht eines weißglühenden Körpers oder Tageslicht angenommen), durch gegenseitige Überlagerung das Auftreten von Farbe bedingen. Wie das Auftreten der Farbe als etwas neu Hinzugekommenes zu erklären ist, das gilt es zu finden. Die herkömmlichen Erklärungen sind naturgemäß hier ohne Bedeutung, da dieselben, wie eingangs erwähnt, als nicht annehmbar erachtet werden. Es soll ja hier ein neuer Weg zur Lösung gefunden und beschritten werden.[3] Dieser ergibt sich, wenn man gegenüber dem bereits Dargelegten sich die Frage vorlegt: Gibt es nicht einfachere Fälle, wo sich ein scharfes und ein unscharfes Bild überlagern, kann man nicht bereits in einem solchen einfacheren Fall die Merkwürdigkeit des Auftretens von Farbe konstatieren?

Mit dieser Fragestellung ist man nun in der Tat der Lösung des eigentlichen Problems der Beugungserscheinungen schon gleich um ein bedeutendes Stück nähergerückt. Man braucht sich nämlich jetzt nur zu überlegen: Wie vereinfacht man die Bedingungen der Anordnung von Figur 1 am naturgemäßesten, und was ist unter den vereinfachten Bedingungen zu beobachten?

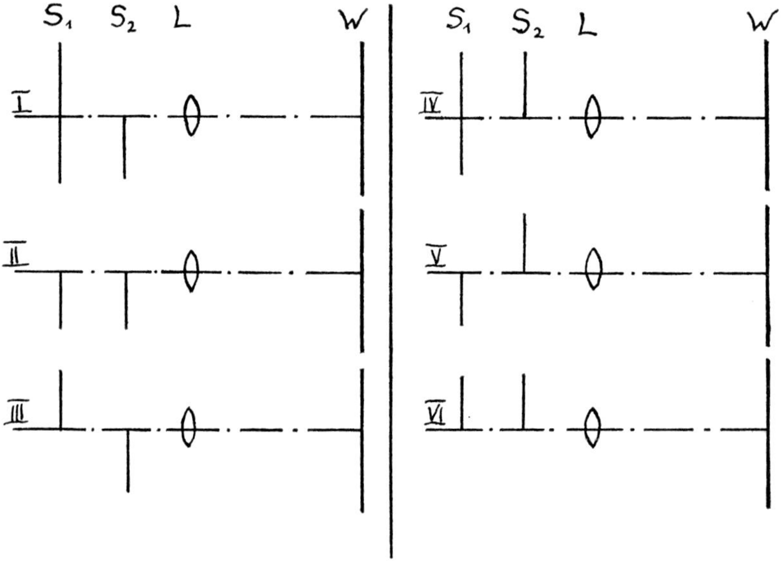

Fig. 4

Zunächst, was für Möglichkeiten bestehen zur Vereinfachung der Bedingungen? In Figur 4, I bis VI, sind sechs verschiedene Fälle schematisch wiedergegeben. In Fall I ist gegenüber der Anordnung von Figur 1 beim Spalt S_2 die obere Spaltwand weggelassen worden. Das bedeutet zweifellos eine Vereinfachung der Bedingungen, denn es ist klar, daß je mehr bestimmte Umstände in einer Anordnung gegeben sind, die auftretenden Erscheinungen notwendigerweise um so komplizierter werden müssen. Bei Fall II tritt eine weitere Vereinfachung durch Weglassen der einen Spaltwand auch von Spalt S_1 ein, Fall III dagegen geht in der Vereinfachung der Bedingungen nicht weiter, indessen muß bedacht werden, daß er gegenüber Fall II ein Umgekehrtes insofern ist, als bei Fall II sowohl von S_1 als auch von S_2 die untere Spaltwand übriggelassen wurden, während bei Fall III von S_1 die obere Hälfte, von S_2 aber die untere Hälfte geblieben ist. Fall IV stellt eine Umkehrung von Fall I dar, indem bei Fall IV von S_2 die obere Hälfte, bei Fall I dessen untere Hälfte belassen wurde. Ebenso stellt Fall V eine Art

Umkehr von Fall III, Fall VI eine solche von Fall II dar. Das Interessante bei all diesen Fällen wird für den Leser jedoch die Beantwortung der Frage sein, ob sich bei einem derselben oder bei allen etwas Neues beobachten läßt.

Es läßt sich nun bei allen aufgezählten Fällen das Auftreten von Farben beobachten, ein Beweis dafür, daß die Überlegungen von dorther nicht in die blaue Luft hinein gedacht waren, sondern über das in der wirklichen Welt Vorhandene in der Tat etwas zu sagen vermögen. Was ist zu beobachten und wie verhält sich, was in den verschiedenen Fällen auftritt, zueinander, und zu dem in der Anordnung von Figur 1 bereits konstatierten Auftreten von Farben?

Was in den verschiedenen aufgezählten Fällen sich experimentell beobachten läßt, schildert man am besten in Verbindung mit der hierfür geeignetsten Versuchsanordnung, um so mehr, als dieselbe jedermann ohne besondere Mühe zur Verfügung steht. Das Beobachtete kann dabei auch sofort von jedermann nachgeprüft werden, und außerdem vermag auf diese Weise jedermann vom Beschriebenen selbst sich genau zutreffende Vorstellungen zu machen. Zur Hervorrufung der in Fall I bis VI beobachtbaren Phänomene kann man nämlich einfach sein eigenes Auge benützen, welches den Schirm W und die Linse L ersetzt. Als Spalt S_1 bedient man sich eines genügend großen Kartonstücks, welches man am Fenster gegen den hellen Himmel anbringt und in welches man einen schmalen Schlitz eingeschnitten hat. Den Spalt S_2 kann man durch zwei Kartonstücke sich herstellen, welche man mit den Fingern so gegeneinander hält, daß das Auge nur durch einen schmalen Schlitz nach dem Fenster sehen kann. Für die Beobachtung der Fälle I bis VI bedarf man ja nur eines Kartonstücks, es genügt ein Stück dunklen Papiers. Die Versuche können selbstverständlich auch ganz „objektiv", das heißt mittels künstlicher Lichtquellen, fein ausgeführten Spalten, Linse und Schirm angestellt werden. Für diesen Fall wird bemerkt, daß, da die beobachtbaren Farbenphänomene sehr schmal sind, man am besten Linsen mit sehr großem Öffnungsverhältnis benutzt, daß aber gerade bei letzteren auch sehr leicht die Reinheit der ursprünglichen Farbenphänomene gestört erscheint, weil die besten erhältlichen Linsenkonstruktionen die Vollkommenheit des menschlichen Auges als Vorrichtung zur physikalischen Abbildung nicht erreichen, wenigstens nicht in der Hinsicht, die bei den hier vorliegenden Bedingungen vor allem wichtig ist.

Was beobachtet man im *Fall I*? Man setze sich auf einen Stuhl, das helle Fenster vor sich, an dem das bereits erwähnte Kartonstück mit schmalem Schlitze so angebracht ist, daß durch den hellen Himmel der schmale Schlitz schön beleuchtet erscheint. Betrachtet man nun zunächst den hell auf dunklem Grunde leuchtenden Kartonspalt am Fenster durch einen schmalen Schlitz, den man sich mit zwei anderen Kartonstücken dicht vor dem Auge herstellt, so findet man die Erscheinungen der Abbildungen von Figur 2 und 3. Je enger man den Schlitz macht, um so verwaschener wird der Spalt, um so breiter die Farbenstreifen. Jeder kann so zunächst aus eigener Anschauung sich überzeugen, wie die farbigen Beugungsstreifen der Anordnung von Figur 1 zustandekommen. Jedermann sieht auch ein, daß von dem dicht an der Stirn befindlichen Spalt nur ein undeutliches Bild im Auge entstehen kann, man kann das Undeutlichwerden verfolgen, wenn man die Kartonstücke erst in normaler Sehweite direkt gegen den Himmel betrachtet und sie allmählich dem Auge nähert. Sobald die Akkomodationsfähigkeit nicht mehr zureicht, sieht man die Kartonränder undeutlich werden, und bei weiterer Annäherung tritt ein immer mehr zunehmendes Verwaschenwerden ein. Was also früher gegenüber der Anordnung von Figur 1 überlegt worden war, kann man bei der ersten vorgenommenen Beobachtung unmittelbar an die eigene Erfahrung anschließen. — So weit kann uns auch die gegenwärtig in der Physik vorhandene Kenntnis führen. Bei der Beobachtung von Fall I dagegen hat man es bereits mit einem Phänomen zu tun, was bis jetzt in der Physik unbekannt geblieben ist. Überraschenderweise findet man nämlich bei der Beobachtung des Falles I keine Streifen mehr, sondern ausschließlich und allein Farbensäume, welche, bei sehr engem Spalt S_1 und großer Entfernung des Beobachters vom Fenster, ein schmales, vom Rot über Grün in Blau verlaufendes Spektrum bilden, während bei weiterem Spalt (oder naher Entfernung) der Rand unten rotgelb, der Rand oben blauviolett besäumt, in der Mitte Tageshelle erscheint. Wichtig ist festzuhalten, daß das unscharfe Bild der einen Spaltwand von S_2 genügt, um an dem vorher deutlich sichtbaren Kartonspalt am Fenster ein richtiges kontinuierliches Spektrum hervorzurufen. Das ist etwas, was sich bisher der wissenschaftlichen Beobachtung entzogen hat, weil in der Experimentalforschung auf diesem Gebiet von führenden Ideen bislang zu wenig Gebrauch gemacht worden ist. Darauf wird später noch einmal zurückzukommen sein. Hier soll zunächst weiter beschrieben werden, was in den anderen Fällen zu beobachten ist.

Fall IV stellt, wie früher bereits bemerkt, eine Umkehrung des Falles I dar, das zu beobachtende Phänomen zeigt in der Tat ebenfalls die Umkehrung von vorhin. War bei Fall I das rote Ende des schmalen Spektrums unten, so ist jetzt bei Fall IV oben, alles andere ist gleich.[4]

Fall II. Man beobachtet am Rand des am Fenster angebrachten Kartons (nicht mehr den Spalt), wo über demselben der helle Himmel sichtbar wird, einen feinen, rötlichgelben Farbensaum, der sich bei zunehmender Entfernung vom Fenster verbreitert. Die Verbreiterung ist auch eine um so größere, je mehr das Kartonstück, welches die von Spalt S_2 übrigbleibende Spaltwand repräsentiert, nach oben geschoben wird, bis eben noch der Fensterkarton sichtbar bleibt.

Fall III. Man beobachtet den unteren Kartonrand am Fenster gegen den hellen Himmel. Es tritt ein blauvioletter Farbensaum auf. Einfluß von Entfernung und der Haltung des Kartonstücks am Auge wie früher.[5]

Fall V. Es ist dasselbe wie im Fall III zu beobachten, nur ist Blau oben, Violett unten, also umgekehrt wie bei III.

Fall VI. Dieselben Farben wie bei II, nur in umgekehrter Reihenfolge.[6]

Damit ist auf eine Reihe von Erscheinungen hingewiesen und aufmerksam gemacht, welche geeignet sind, dem Rätsel der Beugungsphänomene nahezuführen. Die beschriebenen Erscheinungen zu „erklären", in dem Sinne, wie man gewöhnlich Erscheinungen erklären zu können vermeint, geht aus verschiedenen Gründen nicht an. Schon ist bemerkt worden, daß in unserer gegenwärtigen Physik diese Erscheinungen nicht bekannt sind. Infolge der Entwicklung der theoretischen Physik, wie sie seit langem die Oberhand besitzt, liegt gerade eine Unmöglichkeit vor, auf diese schon mit einfachsten

Mitteln feststellbaren Phänomene aufmerksam zu werden. Noch viel schwieriger ist es, vom Standpunkt dieser Theorien die angeführten Phänomene zu verstehen. Wer diese Theorien kennt und andererseits aber auch weiß, was gegenüber irgendwelchen neu beobachteten Erscheinungen erforderlich ist, wird über diese Schwierigkeiten und ihre Folgen sich keiner Illusion hingeben. Wer unbefangene Experimentalforschung zu treiben gesonnen ist, wird Wege suchen, um in möglichst positiver Weise den wissenschaftlichen Fortschritt zu fördern. Dazu gehört, daß man sich in die Phänomene, welche sich bisher der experimentellen Beobachtung entzogen haben, von Grund aus einzuleben sucht, daß man sie unter Variation der Versuchsbedingungen wieder und wieder beobachtet, um mit allem, was beim Auftreten derselben wichtig und auch weniger bedeutungsvoll ist, durch und durch vertraut zu sein. Nur so macht man sich das in der wirklichen Welt Vorhandene selbst zu eigen, nur so gewinnt man darüber Gedanken, welche allmählich den Kern der Dinge zu enthüllen vermögen. Jede von vornherein festgelegte Theorie macht zu einem Einleben in das tatsächlich Vorhandene unfähig, man muß sich daher streng hüten, den Vorurteilen, welche derartige Theorien im Gefolge haben, zum Opfer zu fallen.

Wie groß diese Gefahr ist, dafür noch ein Beispiel. Im Jahre 1904 hat in der Zeitschrift für den physikalischen und chemischen Unterricht der Physiker E. Maey eine Abhandlung veröffentlicht, in welcher er mit Recht in nachdrücklichster Weise darauf hinwies, daß als einfachste Beugungserscheinungen nicht die am Spalt, sondern diejenigen an *einem* Schirmrande anzusehen sind. Er hat sich für das von ihm Erkannte sogar in der Weise eingesetzt, daß in einigen Lehrbüchern der Physik die komplizierten Beugungserscheinungen beim Spalt aus solchen beim einfachen Schirmrand abgeleitet dargestellt worden sind. Aber, und das ist eine Merkwürdigkeit, welche viel zu denken geben kann, die vorstehend beschriebenen Beobachtungen, welche Beugungsphänomene an „einfachen Schirmrändern“ darstellen, sind auch ihm völlig entgangen. Ganz nahe muß also E. Maey schon den beschriebenen Beobachtungen gewesen sein. Maey ist auch, nach vielen seiner Veröffentlichungen als guter Beobachter und tüchtiger Experimentator anzusehen. Im

Prinzip erkannte er die herrschende Theorie als richtig an, und so kam es, daß er bei den von ihm selbst angegebenen Versuchsbedingungen das zu beobachten versäumte, was dabei als neue, bisher unbekannte Phänomene vorliegt. Im Interesse des wissenschaftlichen Fortschritts muß man dies außerordentlich bedauern, allein was bleibt übrig, als aus der Vergangenheit für die Zukunft das Rechte zu entnehmen, um wenigstens nachzuholen, was versäumt ist. Man muß für die Zukunft einsehen, ohne führende Ideen kommt man auch in der Experimentalforschung niemals vorwärts. Man kann sich dieselben entweder im unbefangenen Experimentieren Schritt für Schritt selbst erwerben, und zwar durch Entwickelung der in jedem Menschen natürlich vorhandenen Denkfähigkeiten, oder aber muß man andere Wege zur Entwickelung naturgemäßen, dem Wirklichen der Dinge nahekommenden Denkens einschlagen. Jedenfalls muß gegenüber den neubeobachteten Phänomenen beachtet werden, daß, ohne sich erst wirklich in dieselben eingelebt zu haben, eine Erklärung aus der ihnen eigenen Natur heraus nicht möglich ist. Späteren Arbeiten wird Genaueres vorbehalten bleiben müssen. Nur einiges Wenige kann vorläufig angedeutet werden.[7]

Überblickt man die Erscheinungen, welche in Fall I bis VI zu beobachten sind, so fällt einem sofort auf, daß die Fälle II, III, V und VI die einfachsten Phänomene darstellen. Es sind ja in denselben auch einfachste Bedingungen für die Entstehung des scharfen und des unscharfen Bildes gegeben. Die Umkehr der Fälle von II und VI, sowie von III und V fällt ferner auf. Es treten in II und VI dieselben Farben, nur in umgekehrter Reihenfolge auf, ebenso ist es zwischen III und V. Eine andere Umkehr besteht zwischen II und III, beziehungsweise V und VI. Wo zuerst ein rotgelber Saum auftritt, ist nachher ein blauvioletter und umgekehrt. Fall I kann man sich aus Fall II und III zusammengesetzt denken, ebenso Fall IV aus V und VI. Bei naher Entfernung oder weitem Spalt hat man dann zum Beispiel bei Fall I die Fälle II und III unmittelbar nebeneinander, aber nichts weiteres. Ein Neues tritt jedoch bei wirklicher Vereinigung der Phänomene von II und III durch sehr starke Verengung des Spaltes ein; das Grün, welches in der Mitte zu beobachten ist.

Sehr kompliziert wird die Überlagerung der durch die verschiedenen Umstände bedingten Erscheinungen durch Hinzutritt der zweiten Spaltwand von S_2 in Fall I. Mit roher Annäherung könnte man von einer Vereinigung der Fälle I und IV sprechen. Das Resultat kennen wir genau, es sind die im Falle der Anordnung von Figur 1 beobachtbaren Beugungsstreifen. Die eintretende Komplikation ist daran deutlich zu erkennen. Dieselbe bis in jegliche Einzelheit hinein darzutun, wird besonderer experimenteller Arbeiten bedürfen. Hier kann zunächst nur angedeutet werden, wie vorzugehen sein wird. Es wird möglich sein, den Fall der Anordnung von Figur 1 durch Ableitung aus den einfachsten Fällen zu verstehen. Verständlich ist bereits die Ableitung der Fälle I und IV aus II und und III, beziehungsweise V und VI. Zur Ableitung der komplizierten Beugungsstreifen von Figur 2 und 3 bedarf es noch der Aufdeckung von Zwischengliedern, welche aber in entsprechend angestellten experimentellen Studien aufzufinden möglich ist.

Goethe ist in seiner Farbenlehre methodisch so vorgegangen, daß er sich hütete, über das sinnenfällig wirklich Vorhandene in Spekulationen hinauszugehen. Er war vielmehr bestrebt, die Bedeutung des für die Sinnenbeobachtung wirklich Vorhandenen durch Gedanken zu erkennen, welche er Schritt für Schritt ausbildete und die sich an das von ihm Beobachtete streng angeschlossen haben. So entwickelte er ein naturgemäßes naturwissenschaftliches Denken an den Naturvorgängen selbst. So kam er auch zu dem von ihm aufgestellten Begriff des Urphänomens als einem Etwas, das ihm zu einer rationellen Erklärung der physikalischen Erscheinungen geeignet erschien. So war man auch hier zu verfahren bestrebt. Man stieß auf einfachste Beugungsphänomene, die sich der Beobachtung bisher entzogen haben. Es darf daher mit Recht vom Urphänomen der Beugung gesprochen werden.

Von Wegen der Entwickelung naturgemäßen, dem Wirklichen der Dinge nahekommenden Denkens, welche es außer durch Anregung in unbefangenem Experimentieren durch unbefangene Naturbetrachtung und dergleichen gibt, ist vorhin gesprochen worden. Man findet diese Wege innerhalb der anthroposophischen Geistesforschung. Dieselben können von jedem als wirklichkeitsgemäß erkannt und dafür benutzt werden, daß auf den allerverschiedensten

Gebieten des menschlichen Lebens in positivster Weise der wirkliche Fortschritt eine Förderung erfährt. Ohne die durch die anthroposophische Geistesrichtung mögliche Förderung heute noch auskommen zu wollen, heißt Allerwichtigstes versäumen. Dafür kann nach der Meinung des Verfassers in vorliegender Arbeit ein Beispiel, wenn auch ein sehr kleines, gesehen werden. Wie eingangs erwähnt wurde, ist in der anthroposophischen Geistesrichtung die Methodik des physikalischen Erkennens in solcher Weise angegeben, daß sie den Verfasser zur Erkenntnis des Irrtums einer vermeintlich Beugung aufweisenden, physikalischen Anordnung durch genau experimentelle Nachprüfung derselben geführt hat. Diese Methodik ist es auch, welche auf die neu beobachteten Phänomene der Fälle I bis VI von Figur 4 ferner angewendet werden muß, um sie ihrem Wesen nach verstehen zu können. Das kann nur nach und nach geschehen. Hier sollte es sich zunächst darum handeln, auf sie hinzuweisen und zu ihrer genauen Beobachtung und Betrachtung allgemein anzuregen. Möge in diesem Sinne das, was darzustellen versucht worden ist, bei Fachgenossen allerorts wohlwollendes sachliches Interesse finden, möge bei manchen dadurch Verständnis dafür geschaffen werden, daß für das physikalische Erkennen in der anthroposophischen Geistesrichtung Schätze verborgen liegen, welche nur anerkannt und von uns Physikern benutzt zu werden brauchen, um in der Entwickelung des für die Menschheit so bedeutungsvoll gewordenen physikalischen Wissensgebietes Fortschritte zu bewerkstelligen, die heute erst kaum zu ahnen sind. Die vorliegende Arbeit kann hierzu wirklich nur einen kleinen, bescheidenen Beitrag liefern. Möge er, gerade wie er gemeint ist, aufgenommen werden.

Anmerkungen

[1] Der Villardsche Versuch, Eine Experimentaluntersuchung von Dr. R. E. Maier, Stuttgart 1923.

[2] Wird S_1 durch geeignete Anordnung mittels der Linse L auf dem Schirm W scharf abgebildet und ist S_1L die Gegenstandsweite g, LW die Bildweite b des Spaltes S_1 und f die Brennweite der Linse, so gilt zwischen den Größen die Formel (Abbildungsformel für Linsen):

$$\frac{1}{g} + \frac{1}{b} = \frac{1}{f}$$

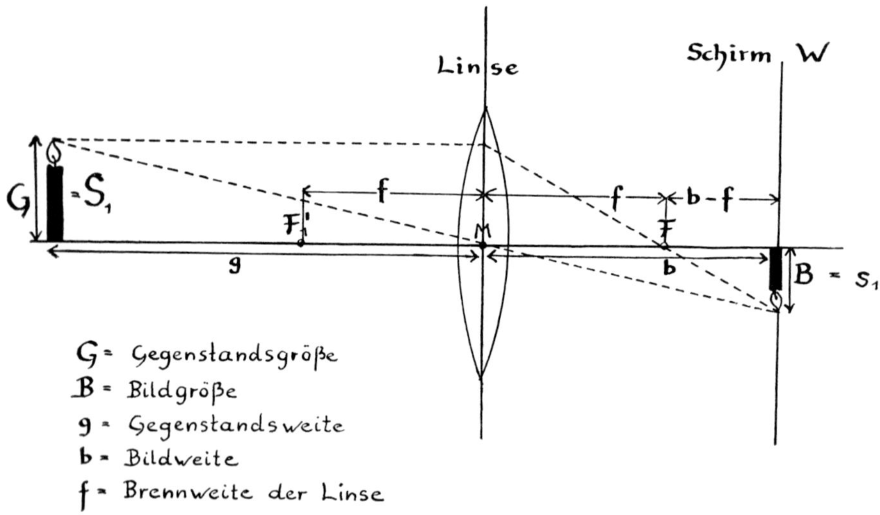

[3] Also ohne Annahme hypothetisch erdachter Ursachen.

[4] Die Farbenfolgen der erscheinenden Spektren sind also (von unten nach oben): bei Fall I: Rot, Gelb — Grün — Blau, Violett. Bei Fall IV dagegen: Violett, Blau — Grün — Gelb, Rot.

[5] Das Violett liegt über dem Schwarzen, das Blau über dem Hellen darunter.

[6] Rot liegt jetzt über dem Schwarzen, Gelb über dem Hellen *darunter;* bei Fall II aber liegt Rot auch über dem Schwarzen, aber Gelb über dem Hellen *darüber.*

[7] Das „Wissenschaftliche Forschungsinstitut" der AG „Der Kommende Tag", als dessen „Mitteilung" diese Arbeit erschien, mußte 1924 infolge der Inflation in Deutschland liquidiert werden.

Wertung des von Rudolf E. Maier Geleisteten

In wesentlichen Dingen hat Rudolf E. Maier die Frage nach der Klärung der wirklichen Vorgänge bei der „Lichtbeugung" — wie diese Phänomene bisher genannt werden — entscheidend voranbringen können.

1. Er hat *nachgewiesen,* daß der bisherige Ausgangsversuch mit den *beiden* Spalten S_1 und S_2 bereits eine sehr *komplizierte Versuchsanordnung* darstellt. Eine solche darf aber mit den durch sie bewirkten Phänomenen *nicht* am Anfang einer Erklärung von Naturvorgängen stehen. Vielmehr müssen im Sinne eines physikalischen Vorgehens in goetheanistisch-erkenntnistheoretischer Methode erst die komplizierten Bindungen *vereinfacht* und auf leichter über- und durchschaubare zurückgeführt werden. Die isolierte Ausdeutung von komplizierten Phänomenen mit „Denkmodellen" und Hypothesen muß unterbleiben, da sie nie zum wirklichen Verständnis der geschauten Erscheinungen führen kann, sondern nur zum „Hineindenken" von selbstgemachten Denkannahmen in die Phänomene.

2. Maier hat in seinen angegebenen Fällen I bis IV diese notwendige *Vereinfachung des Ausgangsversuchs* vorgenommen, und zwar in einer äußerst geschickten und einfallsreichen Art. Er hat damit zugleich eine *Vermannigfaltigung des Versuchs* bewirkt, wie Goethe es forderte (siehe: „Der Versuch als Vermittler von Objekt und Subjekt", Bd. 2 der Neuausgabe von Goethes Farbenlehre, Stuttgart 1979). Denn nur durch eine solche Vermannigfaltigung kann das bei den Erscheinungen Wirksame unter verschiedensten Bedingungen beobachtet werden. Dabei stellt sich dann deutlich heraus, was diese Bedingungen am Phänomen bewirken. Erst dadurch wird dessen Entstehen dem Verständnis durchsichtig.

3. Maier hat durch den vorzüglichen Gedanken, den Ablauf der *Versuchsreihe* (der Fälle I bis VI) zunächst in „subjektiver" Gestaltung vorzunehmen, jedem Erkennenwollenden eine große Hilfe

geleistet. Indem er anstelle von Kondensorlinse und Schirm die Linse des Auges und die Netzhaut des Auges setzt, und den Blick des Auges dann nach Spalt S_1 und S_2 gerichtet denkt, kehrt er einfach den ganzen Vorgang um. Damit ändert er, wie schon Goethe in seinem Vorläufer zur Farbenlehre — „Beiträge zur Chromatik" (1791/92, Bd. 2 der Neuausgabe) — gezeigt hat, nichts an dem prinzipiellen Ablauf der Phänomene. Nur muß man sich dabei klar sein, daß man durch diese *Vertauschung der Orte von Lichtquellen und Auge* bei den auftretenden Farberscheinungen stets die „Gegenprozesse", also bei den Farben selbst eine umgekehrte Reihenfolge und bei den rot-gelben bzw. blau-violetten Randfarben (Kantenspektren) jeweils das entgegengesetzte Farbenpaar ansetzen muß. Sonst aber ist der *Erkenntniswert dieser „subjektiven" Versuche genau so objektiv wie die mit der optischen Bank* (nach Figur 1) *vorgenommenen;* auch Goethe hat dies ja in seinen prismatischen Versuchen schon klar nachgewiesen (eben in seinen „Beiträgen zur Chromatik"). Maier hat darauf hingewiesen, daß jeder Erkenntnissuchende sich damit die Phänomene ohne jegliche größere Apparatur selbst in aller Ruhe und Deutlichkeit vor Augen führen kann. — Wir werden auf die Durchführung der „objektiven" Versuchsreihe, wo also das Auge selbst in den Versuchsprozeß als Organ *nicht* direkt einbezogen ist, sondern nur als neutraler Beobachter des am und mit dem Lichte sich Abspielenden fungiert, später noch zurückkommen müssen.

4. Die Entstehung eines *vollen Spektrums* bei Verwendung von jeweils *nur einer Hälfte des Spaltes* S_2 (Fälle I und IV der Figur 4) stellt in der Tat eine eigenständige Entdeckung Maiers von bedeutender Tragweite dar, ebenso die Feststellung der *„Kanten-Halb-Spektren"* (rot-gelb und blau-violette Ränder, u. U. gleichzeitig wie bei Fall I und IV), sonst aber stets isoliert voneinander bei den Fällen II, III, V und VI (Fig. 4).

5. Von besonderer Wichtigkeit ist es auch, daß Maier klar auf das *überraschende Auftreten der Farben* als solche hinweist und deren Auftreten sachgemäß mit der Tatsache in Zusammenhang bringt, daß eine *Wechselwirkung* der Abbildvorgänge von Spalt S_1 und Spalt S_2, also eines *scharfen und eines unscharfen Bildes der beiden Spalte* (bzw. „Halb-Spalte") vorliegt, somit, anders aus-

gesprochen, verschieden starke Lichtprozesse ineinander wirken und sich gegenseitig überlagern. Wir werden sehen, daß sich daraus auch die Anknüpfung der von Rudolf E. Maier wahrgenommenen Phänomene an Goethes Urphänomen vornehmen läßt und damit auch das Zustandekommen der Spektren und Halbspektren erklärbar wird. *

6. Zuletzt sei noch hervorgehoben, wie Maier selbst den Fortgang seiner Untersuchungen darin sieht, daß eine Zusammenschau der bei Fall I und Fall IV aufgetretenen Phänomene angestrebt werden muß, damit man sich der anfänglichen, in Fig. 1 vorliegenden komplizierten Versuchsordnung wieder anzunähern vermag. — Doch weist er auch mit Recht darauf hin, wie dieser Schritt: *Einbeziehung des vollen engen Spaltes* S_2 sofort nochmals eine sehr entscheidende Komplikation hervorruft, *indem dadurch ja die bekannten „Beugungsstreifen“* (s. Fig. 2 u. 3) *erstmals entstehen,* während wir bei den Versuchen zu Fall I und IV bisher es nur mit 2 getrennten „Halbspalten“ von S_2 zu tun hatten, die in der jeweiligen Anordnung *„nur“* zwei gleichartige, aber in der Reihenfolge der Farben gegenläufige Spektren hervorzubringen vermochten. Hier bedarf es also zur Klärung dieser *erheblichen* Modifikation des Phänomens (gegenläufige Spektren — „Beugungsstreifen-Bild“), wie Maier selbst es ausspricht, „noch der Aufdekkung von Zwischengliedern“, um auch diesen Schritt genetisch zu durchschauen. Wir wollen auch hierzu noch nähere Fragen stellen.

Gerhard Ott

* Siehe dazu: Gerhard Ott, „Zur Entstehung der prismatischen Farben“, erhältlich durch das „Goethe-Farbenstudio“, Dornach/Schweiz.

Versuch einer Weiterführung der Untersuchungen Rudolf E. Maiers bezüglich der entstehenden Voll- und Kantenspektren

Da bei der Arbeit Maiers die auftretenden Spektren (Voll- und Kantenspektren) nur in Worten beschrieben sind, erscheint es angebracht, diese noch einmal in ihrer genauen gegenläufigen Anordnung in einer deutlichen Verbildlichung sich zu vergegenwärtigen. Damit werden sie in ihrer Anordnung auch besser zueinander konfrontiert. Die folgenden Abbildungen sollen dies leisten.

Voll- und Kantenspektren als Vorstufen der „Beugungserscheinungen" an einem schmalen Spalt bzw. „Halbspalt", wenn dieser über die obere oder untere Kante eines schwarzen Kartons anvisiert wird

Fragen wir uns, wie kommt es hierbei zu den zwar zarten, schmalen, aber dennoch deutlich erkennbaren Voll- bzw. Kantenspektren, so müssen wir uns darüber vollkommen klar sein, daß wir mit dieser Frage, *wenn sie aus dem Wesen der Sache heraus beantwortet werden soll,* die Erklärungsweise für das rein geometrisch-

„Subjektive" Erscheinungen

Voll- und Kantenspektren beim Prisma

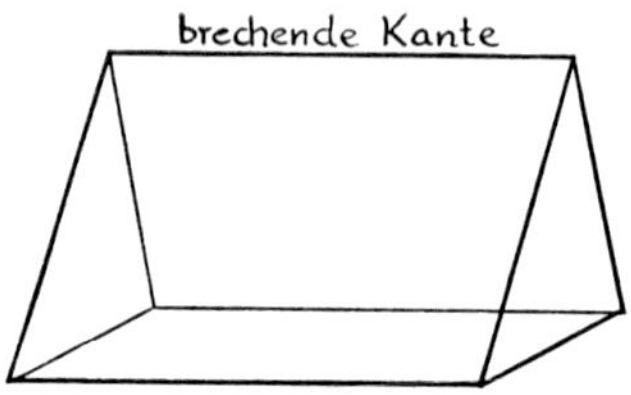

Die obigen Phänomene werden in derselben Art gesehen, (Fall I–III) wenn man durch ein Prisma mit brechender Kante nach oben schaut, freilich viel intensiver.

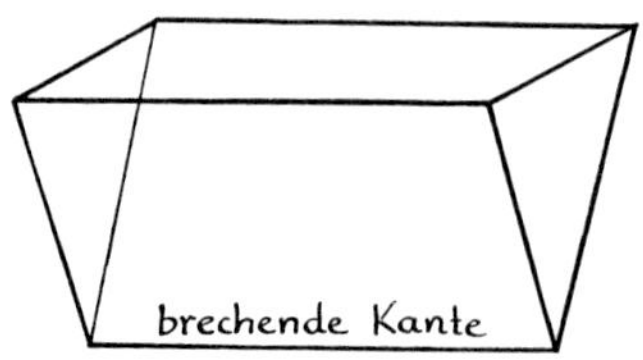

Die obigen Phänomene werden in derselben Art gesehen, (Fall IV–VI) wenn man durch ein Prisma mit brechender Kante nach unten schaut, freilich viel intensiver.

quantitativ-mathematisch Erfaßbare des am Lichte sich Vollziehenden verlassen müssen. Diese hat da eine Grenze, wo das *Phänomen der Farbe* selbst auftritt! Mit Recht hat daher Maier auf diesen entscheidenden Punkt besonders aufmerksam gemacht. Was den geometrisch-mathematisch erfaßbaren Bereich der „Vorgänge am Licht“ angeht, so hat er uns dazu geführt, daß wir einsehen konnten: Durch die Überlagerung eines scharfen Bildes des Spaltes (oder „Halbspaltes“) S_1 und eines unscharfen Bildes des Halbspaltes S_2 hat sich die Farbigkeit der Ränder (Kantenspektren) oder gar die volle Umbildung des Spaltbildes zu einem Farbenspektrum vollzogen. *Also erst im Zusammenwirken zweier Lichtgeschehnisse ka-*

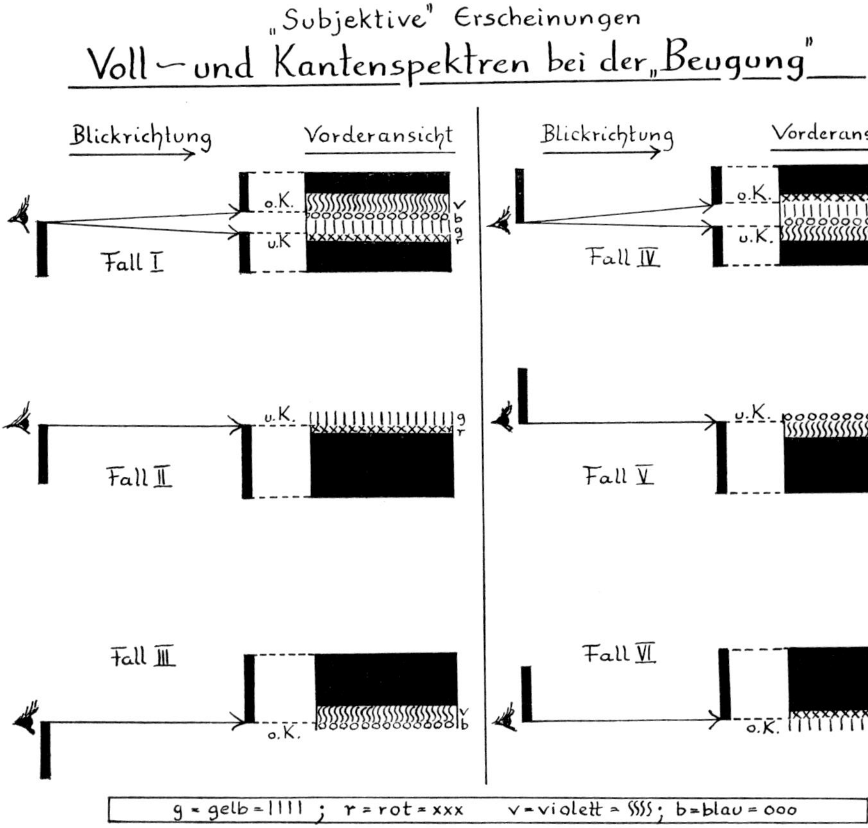

men die Farben zustande und nur da, wo Hell-Dunkel-Begrenzungen vorhanden waren. (Die Abbildung des Spaltes S_1 für sich in scharfer, oder die Abbildung des Halb- (oder Ganz-) Spaltes S_2 in unscharfer Weise, aber wieder ganz für sich, ergab ja, wie Maier schon deutlich formuliert hat, keine Farben.

Dem Zusammenwirken zweier Lichtprozesse aber kommen wir gedanklich nur bei, wenn wir vom rein quantitativ-mathematischen zum *qualitativen Betrachten* aufsteigen. Denn von Goethe her wissen wir, daß, wo ein *Helles durch ein Trübes,* also ein Schattiges, Halblichtartiges gesehen wird, das Ineinanderwirken dieser zwei Prozesse sich so vollziehen kann, daß dadurch ein Neues, die Farbe, konkret: die *gelb-roten* Farben sich ergeben; und daß da, wo *ein Dunkles durch ein Trübes,* also wiederum ein Schattiges, Halblichtartiges gesehen wird, die beiden anderen Farben *blau-violett* erscheinen müssen; und daß weiterhin, wenn sich diese beiden Farbenpaare nach innen zu, also mit der gelben und blauen Zone *überlagern,* die Farbe *Grün* und damit ein volles Spektrum statt des weißen Mittelfeldes entsteht (siehe Goethes „Beiträge zur Chromatik").

Nichts anderes als gerade dieses Faktum beobachten wir bei den von Maier uns vorgeführten Fällen I und IV, bzw. II/III und V/VI. Wie kommt es dazu? Offenbar dadurch, daß etwa beim Hinschauen (im Fall II) über die obere Kante der schwarzen Pappe auf die obere Kante eines Halbspaltes (s. Zeichnung) sich das unscharfe Bild der Visierkante so auswirkt, daß es als *graduell sich abschwächender verschwommener Streifen* sich über die scharf abgebildete Kante des „Halbspaltes" hinüberlegt, also eine Helligkeit durch ein Trübes gesehen wird und sich dadurch das *Gelb* herausbildet, was sich an der Kante zum Schwarz zu infolge der sich steigernden Trübe zu *Rot* intensiviert. — Schaut man aber (im Fall V) über die untere Kante der schwarzen Pappe auf die obere Kante eines Halbspaltes, so zieht sich nun das unscharfe Bild der Visierkante als *entgegengesetzt graduell sich abschwächender unscharfer Streifen* über die scharf abgebildete Kante des Halbspaltes hinüber. Damit wird aber eine Dunkelheit durch ein Trübes gesehen, und es bildet sich dadurch die Farbe *Blau* heraus, was sich an der Kante zum Schwarz zu infolge der sich nun verringernden Trübe zu *Violett* verändert.

(Vollzieht sich, wie bei Fall III u. VI das Hinschauen jeweils umgekehrt, so wechseln auch die Farbränder entsprechend, s. Zeichnung.)

Wird aber über die *obere* Kante eines schwarzen Papprandes zugleich auf das Abbild des ganzen Spaltes gesehen, so finden beide Farbränder gleichzeitig ihre Erscheinungsbedingungen (Fall I) und es entsteht überdies bei genügender Spaltenge ein kontinuierliches Vollspektrum von *Violett-Blau* über *Grün* bis *Gelb-Rot* (s. Zeichnung). Sieht man dagegen nach dem Spalt über die *untere* Kante, so findet prinzipiell das gleiche statt, nur erscheinen jetzt die Farben in entgegengesetzter Reihenfolge (Fall IV): *Rot-Gelb* über *Grün* bis *Blau-Violett* (s. Zeichnung).

Die beiden Spektren, die jeweils erscheinen, sind also als solche gleich, mit jeweils *Grün in der Mitte*, präsentieren sich aber in einer *gegenläufigen Anordnung der Farben.* Dieses zu bemerken ist von Bedeutung. Denn wenn wir nun nach Klärung des Farbentstehens bei den bisherigen Versuchen auf die letzte Phase zuschreiten, wo, wie Maier schon richtig bemerkte, man auf eine Vereinigung der Fälle I und IV zusteuert (also dem Anschauen des scharfen Abbildes des Vollspaltes S_1 nicht nur mittels einer Kante, also über deren oberen bzw. unteren Rand, sondern über eine obere *und* untere Kante *zugleich,* also einen *Vollspalt* S_2, so müssen ja notwendigerweise die beiden gegenläufigen Spektren abermals *gleichzeitig* in Erscheinung treten und sich daher gegenseitig überlappen mit ihren Farbzonen. Durch dieses Überlappen würde sich dann aber auf alle Fälle nach beiden Richtungen — rechts und links vom Spalt — ein *gleichartiges Gebilde* zeigen müssen, wobei auch verschiedenerlei Mischfarben, sowie Farbauslöschungen (bei komplementären Farbenpaaren) sich bilden müssen.

Versucht man aber, nur aus diesen *Überlappungen zweier gegenläufigen* Vollspektren, die dazu noch um *eine Spaltbreite gegeneinander verschoben gedacht werden müssen!,* die entscheidende Veränderung zur Erscheinung der „Beugungsstreifen" herzuleiten, so wird man damit allein kein Glück haben. Denn dieses Beugungsstreifenmuster hat beiderseits *gleichabständige* „Interferenzstreifen" der scharf abgebildeten Spaltkanten von S_1, was niemals zustandekommen würde durch die Überlagerung zweier gegenläufiger, um Spaltbreite verschobenen Vollspektren, da ja bei diesen die einzelnen Farbzonen gelb und violett einerseits, rot und blau andererseits auch in sich ungleiche Ausdehnungen haben (Säume und Ränder). Wenn also wohl gesagt werden kann, daß eine solche gegenläufige Spektrenüberlagerung *mitspielen* muß beim Übergang zur Zweispaltanordnung (S_1 und S_2), so muß bei diesem Schritt doch offenbar noch ein *neuer Phänomenenkomplex hinzugetreten* sein, um das Phänomen der sogenannten „Beugungsstreifen" auszulösen. Dieser kann aber ersichtlich, da es sich um ein ausmeßbares Phänomen handelt (Streifenabstände etc.), nicht im Bereiche des *Qualitativ-Farbigen* gesucht werden, sondern im Bereiche eines Konturen- und Grenzstreifen erzeugenden Phänomens. Dies gilt es aufzusuchen, und zwar als *Phänomen,* nicht als ein durch Aufstellen einer Theorie zu Erschließendes. Ist es gefunden, so können wir sehen, wie es nun seinerseits (wie bisher die Erscheinungen der scharfen und unscharfen Bilder) mit dem schon entstandenen Farbenphänomenkomplex zusammenspielt, um die, wie wir sehen, recht komplizierte und verwickelte Erscheinung der Fig. 1, von der wir ausgegangen sind, zustande zu bringen.

Maiers bedeutende Arbeit könnte erst mit der Lösung dieser Frage (nachdem das *Farbenentstehen* durch die urphänomenale Gegebenheit verstanden werden kann) zum vollen befriedigenden Abschluß gebracht werden.

Gerhard Ott

HEINRICH O. PROSKAUER

Licht und Auge in der Auffassung Goethes

Vorausgesetzt wird, daß der Trugschluß, die Farbe existiere „nur als Sinnesempfindung eines Betrachters“, sei also nur ein „Produkt des funktionierenden Sehorgans im Gehirn“, [1] als solcher erkannt worden ist. Da das Gleiche für *alle* Sinnesempfindungen gelten soll, so wäre richtig, was von Buddenbrock sagen muß: „Die wirklichen Eigenschaften der Dinge können wir mit unseren Sinnen überhaupt nicht erfassen. Wir sitzen im unentrinnbaren Gefängnis unseres Gehirns und unserer Empfindungszentren.“ [2] Aber damit hebt sich der Gedankengang selbst auf: können wir doch dadurch auch weder vom Auge noch vom Gehirn noch von den Empfindungszentren irgend etwas „Objektives“ wissen. Die ganze Anschauung ist nicht klüger als jene Äußerung eines aus Kreta stammenden Mannes, der behauptet haben soll: Alle Kreter seien Lügner, was dann also auch eine Lüge wäre. — Ist dieser Gedanke, der dem „Gehirnprodukt Sinnesempfindung“ immer mechanistisch vorgestellte Verursacher in der Außenwelt gegenüberstellen muß, in ihrer Unhaltbarkeit durchschaut, so ist man genötigt, sich nach anderen, wirklich tragfähigen Begriffen auf diesem Gebiete umzusehen. Man findet sie in *Goethes Farbenlehre.*

Als höhere Erfahrung, aus vielen Einzeluntersuchungen in wenigen Sätzen zusammengefaßt, spricht Goethe im Vorwort und in der Einleitung zu seiner Farbenlehre bedeutsame Einsichten über Licht und Auge aus, so etwa, wenn er gleich in den ersten Sätzen des Vorworts sagt: Er lehne es ab, am Anfang des Buches über das Licht zu sprechen, wohl wissend, wie seine Anschauungen Anstoß erregen würden gegenüber den mechanistischen Vorstellungen vom Licht, welche die Wissenschaft schon damals beherrschten. So heißt es dort: „Ob man nicht, indem von den Farben gesprochen werden soll, vor allen Dingen des Lichtes zu erwähnen habe, ist eine ganz natürliche Frage, auf die wir jedoch nur kurz und aufrichtig erwidern: es scheine bedenklich, da bisher schon so viel und mancherlei von dem Lichte gesagt worden, das Gesagte zu wiederholen oder das oft Wiederholte zu vermehren.“ Kann Goethe doch seine durch viele Jahre ernsten Forschens errungene Einsicht über das Licht nur im Zusammenhang mit dem lebendigen Auge aussprechen. Und er tut es nur kurz und vorsichtig, in der auf das Vorwort folgenden „Einleitung“, im Bewußtsein, daß sein nicht-mechanistischer Begriff vom Licht, verwandt mit den Lebenskräften des Auges, schwer faßlich sein wird: „Jene unmittelbare Verwandtschaft des Lichtes und des Auges wird niemand leugnen; aber sich beide zugleich als eins und dasselbe zu denken, hat mehr Schwierigkeit. Indessen wird es faßlicher, wenn man behauptet, im Auge wohne ein ruhendes Licht, das bei der mindesten Veranlassung von innen oder außen erregt werde.“

Goethe hat diese bedeutsame Einsicht jedoch aus den Phänomenen gewonnen, sie dürfen nicht etwa als „poetische“ Ideen aufgefaßt werden! Besteht doch ein noch kaum gesehener, geschweige denn in seiner Bedeutung gewürdigter Zusammenhang derjenigen Farbphänomene, die etwa beim Durchgang des Lichtes durch ein Prisma entstehen, mit den sogenannten physiologischen Nachbildern im Auge. (Sogenannte negative Nachbilder)

Wir wissen: Blickt das Auge einige Sekunden z. B. auf eine intensiv grüne Fläche, so erscheint ihm ein purpurfarbenes Nachbild, — deutlich bemerkbar, wenn das Auge anschließend auf eine graue oder mäßig beleuchtete Fläche hinsieht. Blickt es auf Purpur, so erscheint als Nachbild Grün. In gleicher Weise „fordern“ sich Gelbrot und Blau, Gelb und Violett und umgekehrt.

Wirft man mit einem Projektor durch ein Prisma nur den einen, z. B. blau-violetten Rand und Saum eines größeren hellen Bildes auf dunklem Grund auf einen Schirm (indem man sich den andern Rand verdeckt) und fixiert diese Farben etwa 20 Sekunden mit den Augen, löscht dann den Projektor aus und blickt auf eine mäßig erleuchtete Fläche, so erscheint genau der andere, der rot-gelbe Rand und Saum als Nachbild aus dem Auge. Das Gleiche gilt, wenn man auf den rot-gelben Rand hinblickt: das Nachbild ist jetzt der blau-violette Rand.

Projiziert man das *ganze Spektrum,* zunächst das bekannte, dasjenige eines schmalen hellen Spaltes zwischen zwei Dunkelzonen, und erzeugt von diesem das Nachbild, so erblickt man genau das umgekehrte Spektrum, nämlich dasjenige eines schmalen *Dunkelstreifens* auf hellem Grunde, nunmehr aus dem Auge kommend. Ebenso erzeugt das durchs Prisma projizierte Spektrum eines schmalen Dunkelstreifens auf hellem Grunde, mit den Farben Blau, Purpur, Gelb, im Auge das Hell-Spektrum: Rot, Grün, Violett, und zwar genau in den „richtigen" Nuancen!

In der Ausstellung der Farbenlehre im Weimarer Goethe-Museum in den dreißiger Jahren war die Möglichkeit geschaffen, dieses Phänomen zu beobachten: Um den Blick des Betrachters an eine Stelle zu fixieren, war auf einem Schirm eine Marke befestigt worden, die man gleichbleibend ruhig anzuschauen hatte. Dann wurden die *beiden* Spektren nebeneinander, links mit dem Grün, rechts mit dem Purpur in der Mitte, durch eine Bildwerferlampe so auf den Schirm geworfen, daß das Auge beide während etwa 20 Sekunden gleichzeitig aufnehmen konnte. Darnach wurde die Lampe, die in einem leicht aufgehellten Raum geleuchtet hatte, ausgelöscht. In der Beschreibung heißt es dazu: „Wenn wir nämlich nun unbeirrt weiter auf die Marke schauen, so sehen wir immer noch zwei Spektren von einer Deutlichkeit, daß man meinen könnte, die Bildwerferlampe glühe noch. Sobald man aber den Blick ein wenig seitwärts wendet, erkennt man am Mitgehen dieser Spektren, daß die Farben dem Auge zugehören. Und man gebe sich Rechenschaft über die einzelnen Farben; ja, die Farben liegen jetzt gerade umgekehrt als zuvor ..." [3]

Was bedeutet diese zunächst erstaunliche Tatsache, daß das „subjektive" Auge die *genau gleichen* Farben hervorbringt wie das „objektive" Prisma? Sie bedeutet, daß die prismatischen Farben und die Nachbilder von der *gleichen Gesetzmäßigkeit* regiert werden, *daß also die Nachbilder keineswegs „subjektiv" in ihrem Zusammenhange sind.* Auf allen Gebieten, wo Farbe so erscheint, daß sie unmittelbar aus den Polaritäten von Licht und Finsternis durch trübe oder durchsichtige Mittel entsteht, treten diese zusammengehörigen Paare auf. Auch alle Zwischentöne werden vom Auge, genau nach dem Gesetz der Komplementarität des Farbenkreises, „richtig" hervorgebracht.

Das heißt aber: Nicht das „Auge" fordert in subjektiver Willkür die Nachbildfarben, sondern die *Farben selbst fordern sich gegenseitig! Die gleiche Gesetzmäßigkeit, Subjekt und Objekt übergreifend, manifestiert sich durchs Prisma wie im Auge.* Es waltet der im Auge wie in den Farbenerscheinungen der Welt herrschende *Farbenkreis* — was Goethe durch viele Versuche nachgewiesen hat. Wir sehen die Wirksamkeit dieses Farbenkreises bei den prismatischen, den katoptrischen, den paroptischen, den epoptischen Farben, um nur diese aus den Kapiteln von Goethes Farbenlehre zu nennen; bei den farbigen Schatten, den Polarisationserscheinungen, wie schließlich bei den chemischen Farben. Überall wirkt dieses Gesetz, das sich in gleicher Weise eben auch im Auge manifestiert. So versteht man, wenn Goethe schreibt:

Im eigenen Auge schaue mit Lust,
Was Plato von Anbeginn gewußt;
Denn das ist der Natur Gehalt,
Daß außen gilt, was innen galt. („Xenien")

Und warum fordert Purpur das Grün, Grün das Purpur? Weil Grün die untere Hälfte des Farbenkreises zusammenfaßt: Gelb und Blau; Purpur die obere: Violett und Rot. Also enthalten Purpur und Grün das *Ganze,* die *Totalität. Von dieser Totalität als real wirkender Gesetzmäßigkeit geht auch die „Forderung" nach der jeweils zu einer bestimmten Farbe gehörenden Komplementärfarbe aus.* Der Zusammenhang jeder Farbe mit dem Ganzen ist bindend, bedingt durch die ursprüngliche Polarität von Licht und Finsternis, die in den Farben auf höherer Stufe verbunden sind.

Diese alle Gebiete des Farbigen innen und außen regierende und verbindende Gesetzmäßigkeit, die Goethe fand, hatte z. B. Arthur Schopenhauer, der Goethes Farbenlehre kritisierte, nicht wahrgenommen, schreibt er doch in seinem Buche „Über das Sehen und die Farben": „Die physiologischen Farben, welche mein Ausgangspunkt sind, legt er (Goethe, d. V.) als ein abgeschlossenes, für sich bestehendes Phänomen dar, ohne auch nur zu versuchen, sie mit den physischen, seinem Hauptthema, in Verbindung zu bringen." Schopenhauer bemerkt nicht: Das Gesetz der Totalität des Farbenkreises ist eben diese Verbindung. Damit wird aber auch die Behauptung hinfällig, daß die physischen Farben das Hauptthema

Goethes wären und daß die Farben, die im menschlichen Auge erscheinen, in der Goetheschen Farbenlehre gewissermaßen zu kurz gekommen seien und isoliert, „für sich bestehend“ dastünden!

Aus Goethes Darstellung des „Urphänomens“ (Hell durch Dunkel: Gelb bis Rot; Dunkel durch Hell: Violett bis Blau) hätte Schopenhauer ebenfalls sehen können, wie auch hier die *gleichen* Farben einander gegenüberstehen, die auch das Auge fordert: Die zarteste Trübe (als Dunkles) vor das Licht gebracht, ergibt Gelb. Eben dieselbe Trübe (jetzt als Helles) vor der Dunkelheit zeigt das Violett. Nimmt das Trübe vor dem Licht zu, erscheint Gelbrot; nimmt sie vor der Dunkelheit zu, entsteht das Blau. Blickt man z. B. auf ein solches Gelbrot, etwa das der untergehenden Sonne, so bringt das Auge das genau *dazugehörige* Blau hervor; blickt man auf ein durch aufgehellte Trübe vor der Dunkelheit entstandenes Blau, so erscheint im Auge das dazugehörige Gelbrot. Auch das läßt sich, z. B. mit einem schwarz unterlegten Opalglas, demonstrieren.

Man kann sich diese Gleichartigkeit des Innen und Außen durch das folgende Schema verdeutlichen:

Die Totalität	
manifestiert sich innen: in den Nachbildern (physiologische Farben)	und außen: bei den Urphänomen-Farben, bei den prismatischen usw. (Dioptrische I. & II. Klasse)

Einen Schritt weiter ins „Innere“, allerdings ins *Leibes-Innere,* führen die *Blendungserscheinungen,* beginnend bei einer Steigerung der äußeren Einwirkung, z. B. bei übermäßiger Helligkeit, mit intensiven, lange sichtbaren sogenannten positiven Nachbildern. (Wenn etwa beim Schweißen ohne Schutzbrille gearbeitet wird.) In den Paragraphen 39—46 hat Goethe diese Phänomene beschrieben und gezeigt, wie auch bei der Blendung das Gesetz des Farbenkreises, zum Beispiel beim Abklingen der Blendungsbilder, deutlich bemerkt werden kann.

Das Sehen wird jedoch gestört, ja verhindert, wenn ein bestimmtes Gleichgewicht zwischen „Innen“ und „Außen“ nicht gewahrt ist. Wird die von außen auf das Auge wirkende Energie zu übermächtig, so wird bis ins Lebensgefüge des Organs gewirkt und es treten pathologische Erscheinungen auf, wie sie Goethe in der Abteilung „Pathologische Farben", als Anhang zu den physiologischen, darstellt. Hier kann sich die Gesetzmäßigkeit des Farbenkreises nur noch schwach durchsetzen. Die Einflüsse aus dem das Auge tragenden *Leib* wirken störend ein. Sowie sich das Auge von solchen Einflüssen wieder befreit hat, kann das „innere" Licht, wie es Goethe nennt, wieder mit dem „äußeren" zusammenkommen, was beim Sehen stets geschieht.

Beim Gewahrwerden dieser Verwandtschaft von Innen und Außen, von Auge und Licht, ja in der Gleichsetzung beider, wie sie Goethe vornimmt, werden wir an Anschauungen Platons erinnert, der noch mit einer Wahrnehmungsfähigkeit für übersinnliche Vorgänge diesen Zusammenhang erschaute. Nennt er doch das Auge „ein Organ des Feuers, das nicht brennt, sondern ein mildes Licht gibt, jedem Tage angemessen ... Wenn das Tageslicht um den Ausfluß des Gesichtes ist und Gleiches zu Gleichem ausströmend sich vereint, so entwirft sich in der Richtung des Blickes ein Körper, wo immer das aus dem Innern strömende Licht mit dem äußern zusammentrifft" (Timäus). Und es kommt die gleiche Einsicht auch bei Goethe in dem bekannten Spruch in der Einleitung der Farbenlehre zum Ausdruck:

Wär nicht das Auge sonnenhaft,
Wie könnten wir das Licht erblicken?
Lebt' nicht in uns des Gottes eigne Kraft,
Wie könnt' uns Göttliches entzücken?

So sehen wir Goethes Auffassung vom Licht und vom Sehvorgang aus allen mechanischen Vorstellungen ganz herausgehoben. Sein Begriff vom Licht muß dementsprechend anders gefaßt werden, als wir es heute in der Wissenschaft vorstellen. Wir dürfen beim Licht auch nicht nur an eine weiße Helligkeit denken, die vielmehr im Sinne Goethes nur der Ausdruck der niederen Repräsentanz des Lichtes, nur sein *sinnliches Abbild* ist. Es selbst ist völlig unsichtbar, wie auch sein Gegenpol, die Finsternis. Erst aus ihrem Zusammenkommen entstehen, als Ausdruck ihrer Verbindung, als Neubildungen, die Farben als Welt der Sichtbarkeit.

Auch in seinen Dichtungen spricht Goethe Wahrheiten aus, gewonnen durch seine naturwissenschaftlichen Arbeiten. So kommt in dem Diwan-Gedicht „Wiederfinden“ dieses Geschehen der Verbindung der zunächst getrennten, auseinanderfallenden Pole durch einen „dynamischen“ Prozeß mittels der „Trübe“ zum Ausdruck. Wir führen hier nur die 3., 4. und 5. Strophe an, wobei zu bemerken ist, daß die 4. Strophe erst später, in einer Handschrift Goethes von diesem Gedicht, im Nachlaß gefunden wurde und in den gebräuchlichen Ausgaben des West-östlichen Divans fehlt. Das Gedicht beginnt mit der Schöpfung, dann heißt es:

3. Strophe: „Auf tat sich das Licht, so trennte
Scheu sich Finsternis von ihm,
Und sogleich die Elemente
Scheidend auseinander fliehn.
Rasch, in wilden, wüsten Träumen
Jedes nach der Weite rang.
Starr, in ungemessnen Räumen
Ohne Sehnsucht, ohne Klang.

4. Strophe: Denn das Oben und das Unten
Ward zum erstenmal geschaut,
Unter freiem Himmelsrunde
Tief der Erde Schoß erbaut.
Ach, da trennte sich auf immer
War doch der Befehl geschehn!
Feuerwasser in den Himmel,
Wellenwasser in die Seen.

5. Strophe: Stumm war alles, still und öde,
Einsam Gott zum erstenmal!
Da erschuf er Morgenröte,
Die erbarmte sich der Qual;
Sie entwickelte dem Trüben
Ein erklingend Farbenspiel,
Und nun konnte wieder lieben
Was erst auseinander fiel.“

Hier können wir das „Oben“ und „Unten“ auch mit dem Licht und seinem stofflichen Widerpart, der Finsternis verbinden. Stellte man doch noch im Mittelalter dem Licht — das Wort ist verwandt mit „leicht“ — die Schwere gegenüber, dem imponderablen Licht die ponderable Materie. Einer der „Mysteriensprüche des Mittelalters“, wie sie Rudolf Steiner wiedergibt, lautet: „Licht strömt aufwärts — Schwere lastet abwärts“.[4]

So enthält der Begriff Finsternis nicht nur optische Dunkelheit, sondern auch Schwere, Stofflichkeit. Wir können unser Schema nun in folgender Art erweitern:

Licht
(selbst unsichtbar, sich in jeder Farbe offenbarend)

Inneres Erscheinungsgebiet:	Äußeres Erscheinungsgebiet:
(in zeitlichen Folgen)	(räumlich)
Auge	*Außenwelt*
Nachbilder	Urphänomen-Farben
Blendungsbilder	Prismatische Farben usw.
Pathologische Erscheinungen	
Leib = Finsternis (Schwere)	Stoff = Finsternis (Schwere)

Ein gewissermaßen rudimentäres, ganz schwach wirkendes „Nachbild“ ist der sehr rasch auftretende „*Kontrast*“. Das kontrastierende Sehen, das bei jedem Blick in die Welt stattfindet und die Eindrücke immer etwas verändert, bringt es nicht bis zum völligen Auftreten der Gegenfarbe, die gesehenen Farben werden nur in ihrer Richtung modifiziert. Der Kontrast spielt sich hauptsächlich im Hell-Dunkelgebiet ab. Er wird deutlich sichtbar z. B. dort, wo verschiedene Graustufen aneinander grenzen. Auch nebeneinanderliegende verschiedenfarbige Flächen werden, neben einer Tingierung zur Gegenfarbe, heller oder dunkler gesehen. (Siehe dazu auch die entsprechenden Paragraphen in Goethes Farbenlehre.)

Auch für diese „subjektiven“ Kontraste gibt es im „Objektiven“ verwandte Phänomene. Es sind die von Arnold Brass untersuchten Hell-Dunkel-Zonen, die an jeder Licht-Schatten-Grenze in zarter Weise auftreten, aber doch intensiv genug, so daß Arnold Brass sie fotografieren konnte.[5]

Was für die Farben gilt, wie wir sahen: die Vorherrschaft ihrer *Eigengesetzlichkeit* in Auge und Außenwelt, zeigt sich in gleicher Weise auch im Hell-Dunkel-Kontrast: Hell fordert Dunkel und umgekehrt im Auge; Hell steht neben Schatten in der Raumeswelt.[6]

Der Leib ist also für die physiologischen Farben, für das Sehen überhaupt, gewissermaßen nur Unterlage, Erscheinungsfeld, nicht erzeugend tätig. Im Gegenteil: Greift er zu stark ins Auge ein, so wird der Sehvorgang gestört, das Auge ist krank. Dominiert im äußeren Erscheinungsfeld die Stofflichkeit, so werden die Farben zu stark gefesselt, sie bekommen gewissermaßen zu viel Schwere. Kann sich in den vom Leibe verhältnismäßig unabhängigen Teilen, also im gesunden Auge, sowie in der Außenwelt, z.B. bei den atmosphärischen und den prismatischen Farben, das freie Spiel der Totalität noch rein zum Ausdruck bringen, so *beeinträchtigt* der Einfluß des Leibes, wie derjenige des Stoffes in der Außenwelt, die Manifestation der Totalität, den Ausdruck der *farbeigenen* Gesetzmäßigkeit. Die Farben werden vereinzelt oder verfestigt, in jedem Falle an die „Unterlage" *gebunden.*

Eine merkwürdige Zwischenstellung zwischen den freien und den gebundeneren Farben nimmt das Phänomen des *farbigen Schattens* ein.[6] Erscheint er zwar auch durch atmosphärische Bedingungen in schönster Weise, man denke an die Schilderung Goethes bei einer Harzreise im Winter im § 75 der Farbenlehre, oder bei Kerzen- und Tageslicht, so kann das Phänomen doch recht eindrücklich mit gefärbten Gläsern oder Folien gezeigt werden. Bei der Verwendung solcher gefärbter Mittel sind wir aber schon von den noch ganz *„werdenden"* Erscheinungen zu den *„halbgewordenen"*[7] herabgestiegen, indem in den gefärbten Gläsern und Folien schon eine gebundene, eine chemische Farbe integriert ist. — Daß dadurch schon ein festeres Element eingeführt ist, zeigt sich z.B. bei der Verwendung einer blau gefärbten Scheibe deutlich. Ein blau gefärbtes „Licht" ist etwas ganz anderes, als wenn beim „Urphänomen" (etwa beim blauen Himmel) das Blau entsteht, das aber nie ein Licht, sondern immer eine Dunkelheit im Hintergrund hat.

Aber gerade bei den farbigen Schatten spielt die Totalität in schönster Weise ihre Rolle und zeigt uns die gleichen Phänomene außerhalb des Auges, wie sie die Nachbilder innerhalb des Auges zeigen. Die farbigen Schatten gehören also auf die rechte Seite unseres Schemas, unter „Außenwelt".

Einen weiteren Schritt in der Richtung der Farbbindung an seine stoffliche Unterlage haben wir in den Farben *organischer Körper.*[8] Hier sei nur das Chlorophyll erwähnt, das im auffallenden Licht intensiv grün, im durchscheinenden purpurrot erscheint und für das Grün-Rot innerhalb der Pflanzenwelt verantwortlich ist. Oder man sehe, wie die „Pflanzenfarben", das sind Malerfarben, die aus Blüten, Blättern oder Wurzeln von Pflanzen hergestellt werden, ihre lebendige Schönheit daher bekommen, daß jede Farbe jeweils von ihrer Komplementärfarbe wie leicht gebrochen erscheint.

Wir kommen schließlich zu den *anorganisch-chemischen Farben,* bei welchen die Einwirkung des anorganischen Stoffes oftmals deutlich wahrgenommen werden kann: Diese Farben können hart, grell, metallisch, ja giftig aussehen, je nach ihrer Herkunft. Im Unterschied zu den atmosphärischen und prismatischen Farben, die immer „werdende" sind, haben wir es hier mit „gewordenen" Farben zu tun.

Gewissermaßen ins Innere der Stofflichkeit lassen uns die von Goethe *„entoptische"* genannten Farben hineinblicken. (Sie werden von der Wissenschaft „Polarisationserscheinungen" genannt.) *Die Struktur des materiellen Mediums,* das bis zur Durchsichtigkeit gelangt ist, wird durch sie *am Lichte* sichtbar. Nicht um eine „Polarisierung" des Lichtes handelt es sich dabei, sondern die zur Durchsichtigkeit gelangte Materie läßt uns, gewissermaßen wie durch ein Fenster, ihren inneren Aufbau gewahr werden.[9]

So sehen wir: Nicht *aus* dem Leibe (der Nervenhaut, dem Gehirn), wie es sich Schopenhauer vorstellte, kommt die Farbe. Aber auch nicht *aus* dem Stoff, wie sich Newton das Licht und die Farben dachte, sondern *Leib und Stoff* sind nur Unterlagen, geben nur die *Erscheinungsgebiete* für das *Farb-Wesen* ab. Das Licht selbst tritt nie in die Erscheinung ein, kann nur ideell erfaßt werden, ist aber in jeder Farbe *real* vorhanden, im Auge wie in der Außenwelt. Wie man das, was sich in einem Spiegel abbildet, nicht als aus dem Spiegel entstanden annehmen wird, so wird man auch die Farben nicht aus Auge und Gehirn, noch aus stofflichen Vorgängen entstanden denken dürfen.

Fassen wir das Ausgesprochene nochmals schematisch zusammen:

Nichtsinnliches *Licht* (reale Möglichkeit für alle Farben)

<table>
<tr><td>im lebendigen Auge</td><td colspan="2">in räumlichen Verhältnissen
der Außenwelt</td></tr>
<tr><td>Kontrastwirkung
Nachbilder
Blendungsbilder
pathologische
Erscheinungen;</td><td>„werdende“</td><td>„Dioptrische“
Farben I & II,
Katoptrische
Paroptische
Epoptische
Entoptische</td></tr>
<tr><td rowspan="2">hier wirkt der Leib ein;
er wirkt als „Finsternis“,
als „Schwere“
gegenüber dem freien,
gesunden Sehen.</td><td>„halb gewordene“</td><td>Farbige Schatten</td></tr>
<tr><td>„gewordene“</td><td>Organische,
chemische Farben;</td></tr>
<tr><td></td><td colspan="2">das sind „gefesselte“, vom Stoff gebundene Farben. Stoff als „Finsternis“, als „Schwere“.</td></tr>
</table>

(Siehe auch die Tabelle Goethes auf S. 47)

Je näher das Erscheinungsgebiet beim Leib oder beim Stoff liegt, desto schwerer kann sich die Totalität durchsetzen, desto inadäquater ist auch die Erscheinung der Farben. So ist z. B. die Ölmalerei schon stoffgebundener als die Aquarellmalerei, so sind die aus Pflanzen hergestellten Farben lebendiger und schöner als die aus Chemikalien gewonnenen. Ein einfaches Beispiel, das Goethe einmal angibt, kann verdeutlichen, was gemeint ist: Gelb auf einen Filz aufgetragen wird nie besonders schön sein; auf Damastseide dagegen, wo das Gelb ausstrahlen, leuchten kann, wird es schön sein, d. h. seiner Entstehungsart aus dem Licht entsprechend. *So ist jede Farbenerscheinung eine Resultierende von Erscheinungsgebiet und Lichtwesen.*

Sehen wir, wie die Farbe weder *aus* dem Auge noch *aus* den äußeren physikalischen Gegebenheiten entspringt, sondern *ein eigenes übergeordnetes Reich mit der Gesetzmäßigkeit des Farbenkreises* bildet, so können wir ihre innige Verwandtschaft mit dem, was auch im Menschen „über“ seiner Leiblichkeit liegt: mit der Seele des Menschen durchschauen. Goethe sprach das einmal mit den folgenden Worten (zu Riemer) aus: „Licht, wie es mit der Finsternis die Farbe wirkt, ist ein schönes Symbol der Seele, welche mit der Materie den Körper bildend belebt. So wie der Purpurglanz der Abendwolke schwindet und das Grau des Stoffes zurückbleibt, so ist das Sterben des Menschen. Es ist ein Entweichen, ein Erblassen des Seelenlichtes, das aus dem Stoffe weicht ..."

Die VI. Abteilung der Farbenlehre, über die „sinnlich-sittliche Wirkung der Farbe", behandelt gerade diesen seelischen Aspekt. Es handelt sich dabei nicht um ein Hineindeuten seelischer Eigenschaften des Menschen oder symbolischer Vorstellungen in die Farben, sondern Goethes feine Empfindungsfähigkeit vermag den seelischen Inhalt der Farben zu erleben und darzustellen.

Was bei allen mechanistischen Vorstellungen vom Licht (elektromagnetische Strahlung etc.) vergessen wird, ist, daß das Licht uns nicht nur Helligkeit spendet, sondern auch das *Leben,* denn ohne Licht könnte kein Lebewesen existieren, kein Tier, keine Pflanze wachsen; ja der Mensch verkümmert schon, wenn er in lichtlosen Räumen aufwachsen muß. Jene Abstraktion vom Licht, die sich der Physiker auf Grund seiner nur mechanischen Vorstellungen bildet, gibt es in der Wirklichkeit nirgends. Die Auffassung Goethes vom Licht, den Lebenskräften des Auges verwandt — denn das Auge ist ja keine bloße camera obscura —, steht der Wahrheit und Wirklichkeit somit um vieles näher.

Anmerkungen

[1] Harald Küppers: „Das Grundgesetz der Farbenlehre", S. 22, 105 (1978).

[2] W. v. Buddenbrock: „Die Welt der Sinne. Eine gemeinverständliche Einführung in die Sinnesphysiologie" (1932).

[3] R. Matthaei: „Die Farbenlehre im Goethe-Nationalmuseum" (1941).

[4] Rudolf Steiner: „Wahrspruchworte", S. 168 (1961).

[5] A. Brass: „Untersuchungen über das Licht und die Farben" (1906).

[6] Gerhard Ott u. Heinrich O. Proskauer: „Das Rätsel des farbigen Schattens, Versuch einer Lösung" (1979).

[7] Unterscheidung nach Fritz Lobeck: „Farben anders gesehen" (1954).

[8] F. S. Voigt: „Die Farben der organischen Körper" (Jena 1816).

[9] J. W. Goethe: „Entoptische Farben", in Goethe: Farbenlehre, Bd. II (Stuttgart 1979).

Tabelle von Goethe ▶

Auge

empfänglich und gegenwirkend

Berührt im höheren Sinne
von
Licht und Finsterem,
beide durch *Trübe*
dynamisch verbunden, erzeugen
Farbe.

Rot
Gelbrot *Blaurot*
Farbenkreis
gültig
für alle Erscheinungen.
Gelb *Blau*
Grün.

Berührt im gemeinen Sinne
von
Weiß und Schwarz,
beide durch *Mengung*
atomistisch gemischt, erzeugen
Grau.

Farbe manifestiert sich

Physiologisch
Subjektiv,
unaufhaltsam, flüchtig;
Vermittlung im Subjekt.

Licht erweitert, Finsternis verengt.
Helles Bild vergrößert, dunkles verkleinert sich.
Helles Bild nähert, dunkles entfernt sich.
Licht blendet, Finsternis stellt her.
Dauer des Eindrucks.
Umkehrung.
Verklingen, farbiges.
Forderungen.
Blendung, rot;
Umkehrung, grün.
Bild, rot, orange, gelb;
Gegenbild, grün, blau, violett.
Farbiges Licht und Schatten ebenso.

Physisch
Subjektiv und objektiv,
wandelbar, verschwindend;
Vermittlung durchscheinender, durchsichtiger Körper.

Dioptrisch:
durchscheinend, ohne Refraktion und Bild.
durchsichtig, mit Refraktion und Bild.
Katoptrisch: Bei beschränktem Zurückwerfen.
Paroptisch: Bei kreuzendem Vorbeischeinen.
Epoptisch: Auf der Fläche und zwischen Flächen.
Entoptisch: Innerhalb durchsichtiger Körper.

Chemisch
Objektiv,
wandelbar, festzuhalten;
Vermittlung Körper aller Art.

Aktive Seite.
Gelb, Gelbrot, Purpur;
durch Säuren gesteigert.
Gelb, Gelbrot;
wärmend,
Licht entziehend,
Metallkalk nicht verändernd.

Passive Seite.
Blau, Blaurot, Grün;
durch Alkalien herabgezogen.
Blau und Blaurot;
kältend,
Licht mitteilend,
Metallkalk entsäurend.

GERHARD OTT

Die Farbe Violett

Goethes Bemühung um ein Verständnis ihres Erscheinungsbildes bis zur Erfassung ihres sinnlich-sittlichen Charakters. Zugleich als Beispiel der allseitigen Gediegenheit und Geschlossenheit von Goethes Farbenlehre

In einem bedeutsamen Briefe Goethes vom 15./16. November 1815 an den Philosophen Arthur Schopenhauer findet sich neben anderen wesentlichen Bemerkungen zur Farbenlehre (siehe „Goethe an Schopenhauer, 15./16. November 1815" oder „Geben alle Farben zusammen Weiß?" vom Verfasser im Heft 1 dieser Schriftenreihe) eine besonders aufschlußreiche Ausführung Goethes zur *Farbe Violett.* Dabei muß beachtet werden, daß Goethe schon 1810 sein naturwissenschaftliches Hauptwerk „Entwurf einer Farbenlehre" abgeschlossen hatte und daß in diesem Werke schon die Farben im einzelnen sowohl ihrer Erscheinungsweise wie auch ihrer sinnlich-sittlichen Wirkung nach eingehend behandelt sind. Daß Goethe aber nie still stand bei einem einmal Erkannten, sondern dieses stets in neuer Weise wieder und wieder zu bestätigen und unter den mannigfaltigsten Umständen und Gesichtspunkten neu zu erfahren trachtete, beweisen gerade seine Ausführungen über die Farbe Violett in diesem Briefe. Sie sind offenbar hervorgerufen durch nicht mit den seinen konformen Anschauungen Schopenhauers, den zwar Goethe in seine Farbenlehre selbst eingeführt hatte, der aber aus seiner ganz andersartigen Seelenartung heraus doch nicht in *Goethes weltoffene Haltung*, in seine — wie Heinroth sie treffend bezeichnete — *gegenständliche Denkweise* hineinzuwachsen vermochte. So traten sehr bald, sowohl in der Gesamteinstellung zum Wesen der Farbe wie auch in Einzelheiten bei der Beurteilung farbiger Erscheinungen, gravierende Differenzen zwischen den beiden Persönlichkeiten zutage.[1] Für Goethe ergab sich aus solcher Widersprüchlichkeit aber ein erneuter Anlaß, ergänzend zu dem in seiner *Farbenlehre bereits Ausgeführten das Folgende an Schopenhauer* mitzuteilen:

„In meiner Vorstellung vom Violetten bestärken mich folgende Gründe:

1. Auf Saussures Kyanometer wird das allerdunkelste Blau Königsblau genannt, welches ohne ein Oeil de rouge (ins Rote äugeln) nicht denkbar ist. Diesen rötlichen Schein möchte ich nun für das Violette halten, welches sich in der feinsten Trübe auf dem entschiedensten Dunklen zeigt. Auf so hohe Berge, um das Phänomen selbst zu beobachten, bin ich nie gekommen."

Aus diesen Sätzen erhellt ganz klar, daß Goethe sich das *Violett als eine Steigerung des Blau* vorstellt, die dann einzutreten beginnt, wenn die beleuchtete Trübe vor einem dunklen Hintergrund immer mehr abnimmt, immer geringer wird. — *Blau* bildet sich ja im Sinne von Goethe als ein *„Urphänomen"* dann, wenn *ein dunkler Grund durch eine erleuchtete Trübe gesehen* wird. Dies ist im Großen in der Natur immer dann zu beobachten, wenn etwa eine Gebirgsmasse in der Ferne oder ein dunkles Waldgebirge durch die Atmosphäre hindurch gesehen wird. Beide erscheinen blau. Auch haben wir das Blau immer vor Augen, wenn wir den wolkenlosen Himmel anschauen, wobei uns das Dunkel des Weltenraumes durch die Trübe erscheint, die sich in den atmosphärischen Dünsten zwischen unser Auge und diesen legt. Gleichsam menschlich irdisch abgemildert zum vielstufigen Blau erscheint uns die schwarze Finsternis des Weltenraumes. Und der Blaustufen, der helleren oder tieferen Blautöne sind so viele, als die Beschaffenheit der Atmosphäre in ihrer Erfüllung mit durchscheinenden Dünsten dies ermöglicht. So sagt auch Goethe selbst schon in seiner „Farbenlehre" in § 155 (Dioptrische Farben 1. Klasse): „Wird die Finsternis des unendlichen Raumes durch atmosphärische, vom Tageslicht erleuchtete Dünste hindurch angesehen, so erscheint die blaue Farbe. Auf hohen Gebirgen sieht man am Tage den Himmel königsblau, weil nur wenig feine Dünste vor dem unendlichen finstern Raum schweben; sobald man in die Täler hinabsteigt, wird das Blaue heller, bis es endlich in gewissen Regionen und bei zunehmenden Dünsten ganz in ein ‚Weißblau' übergeht."

Wenn also Goethe in innerer Konsequenz aus seinem Urphänomen: *Dunkles, durch erhelltes Trübes gesehen, erscheint Blau,* die verschiedenen Blautöne des Himmels vom dunkelsten Königsblau bis zum hellsten Weißblau herzuleiten vermag, so ist er doch offensichtlich etwas in Not, wenn er dem Königsblau ein „Oeil de rouge" glaubt zubilligen zu sollen. Da ja nach seiner Ansicht bei stetig abnehmender Trübe das Blau durch eine Art *Steigerung,* die durch die mächtiger werdende und das Licht überwältigen wollende Finsternis sich einstellt, ein „Oeil de rouge" bekommt, also einen „Stich ins Rötliche", d. h. aber einen *Violett-Ton* annimmt, so müßte doch bei sehr hohen Bergen infolge Eintretens dieser Bedingungen der Himmel schließlich nicht nur tiefdunkelblau, sondern wirklich *violett* erscheinen?!

Wären Goethe die Erfahrungen von Weltraumpiloten unserer Tage zur Verfügung gestanden, so hätte er in diesen Beobachtungen eine weitere *grandiose, sozusagen kosmische Bestätigung seiner Farbenlehre* gesehen. Denn die ersten Weltraumfahrer berichteten mit dem noch vorhandenen Erstaunen der Erstentdecker, daß der Himmel tatsächlich, je höher sie mit ihrer Raumkapsel gelangten, immer tiefer blau wurde, dann aber für eine kurze Übergangszone bei zehntausend und mehr Metern Höhe dieses Blau in ein *leuchtendes dunkles Violett* umschlug und dieses dann in die bestürzende absolute Finsternis, das Schwarz des Weltenraumes überging! Nur weil die Reduzierung der atmosphärischen Dünste selbst bei hohen Bergen, wie dem Mont Blanc noch nicht ausreichte, um die Steigerung des Blau zum Violett hervorzurufen, kam es bei den zu seiner Zeit möglichen Beobachtungen nur bis zur Wahrnehmung des tiefen Königsblaus statt des von Goethe an sich richtig erwarteten Violetts! Aber mit derselben Sicherheit, mit der durch mathematische Berechnungen die Existenz des Planeten Uranus vorhergesagt werden konnte, bis dieser in der Tat nachträglich von dem Astronomen Herschel entdeckt wurde, mit derselben Sicherheit konnte Goethe für eine gewisse Höhe über dem Erdboden das *Auftreten-Müssen des Violett* vorhersagen, bis es dann, ca. 150 Jahre nach seinem Tode, von den ersten und allen weiteren Weltraumfahrern bestätigt wurde!

Goethe war eben der festen Überzeugung, daß die Natur im

Kleinen wie im Großen ihre Gesetze, ihre Urphänomene insbesondere, dem aufmerkenden Menschengeiste *überall* offenbare, sofern dieser nur ohne eigene selbsterdachte Theorien sich nicht den Blick zur Wahrnehmung derselben verstellte. „Alles Faktische ist schon Theorie. Man suche nur nichts hinter den Phänomenen, sie selbst sind die Lehre."

Aber mit Recht sagt Goethe zu Eckermann noch im letzten Halbjahr seines Lebens (21. Dezember 1831):

„Ein einfaches Urphänomen aufzunehmen, es in seiner hohen Bedeutung zu erkennen und damit zu wirken, erfordert einen produktiven Geist, der vieles zu übersehen vermag, und ist eine seltene Gabe, die sich nur bei ganz vorzüglichen Naturen findet.

Und auch damit ist es noch nicht getan. Denn wie einer mit allen Regeln und aller Theorie noch kein Maler ist, sondern wie eine unausgesetzte Übung hinzukommen muß, so ist es auch bei der Farbenlehre nicht genug, daß einer die vorzüglichsten Gesetze kenne und den geeigneten Geist habe, sondern er muß sich immerfort mit den einzelnen, oft sehr geheimnisvollen Phänomenen und ihrer Ableitung und Verknüpfung zu tun machen.

So wissen wir z. B. im allgemeinen recht gut, daß die grüne Farbe durch eine Mischung des Gelben und Blauen entsteht, allein, bis einer sagen kann, er begreife das Grün des Regenbogens oder das Grün des Laubes oder das Grün des Meerwassers, dieses erfordert ein so allseitiges Durchschreiten des Farbenreiches und eine daraus entspringende solche Höhe der Einsicht, zu welcher bis jetzt kaum jemand gelangt ist." [2]

Diese hohe Anschauung von dem, was für Goethe wahre Wissenschaft bedeutete und diese Bescheidenheit über das trotz lebenslanger Bemühung auch von ihm in der Farberkenntnis Erreichte, charakterisiert eben seine ganze Einstellung gegenüber den „offenbaren Geheimnissen der Natur".

So gilt also zunächst mit Goethe für Violett die durch den Weltengrund selbst sich manifestierende Aussage: *Violett* ist die Farbe, die entsteht, wenn das Blau, in das sich das Schwarz des Weltengrundes abmildert, durch die Trübe der dünner werdenden atmosphärischen Dünste immer satter und dunkler wird und schließlich *bei geringsten atmosphärischen Dünsten* zuletzt einen roten Schein annimmt, der *eine Steigerung, eine letzte Intensivierung des Blau* darstellt. Hinter dem Violett steht nur das unergründliche Dunkel, das Schwarz des lichtdurchfluteten Raumes, bei dem aber das Licht kein Gegenständliches, kein Körperliches mehr zur Sichtbarkeit erhebt. *Violett steht an der Schwelle zum körperlosen dunklen Weltenraum: es ist gleichsam die letzte irdisch menschlich-tröstliche Farbe, bevor der Raumfahrer sich der absoluten unmenschlich-unirdischen Schwärze des Weltenraumes gegenübersieht;* ein schwer zu ertragendes Erlebnis, das nur noch gemildert wird, wenn die Raumfahrer — wieder konsequent nach Goethes Farbenlehre — die sonnenbeleuchtete Erde mit ihren Dunkelmassen der Meere, Länder und Gebirgszüge vom Weltraum aus wie einen leuchtenden Saphir oder — mit den Wolkenbänken davor — als einen schillernden blau-weißen Opal auf dem schwarzen Samt des Weltraumhintergrundes sehen. So wenigstens lauteten die Beschreibungen der gewiß nicht vorher in Poesie ausgebildeten „Astronauten"! In völliger Exaktheit hatten sich also den Raumfahrern die Farbphänomene vor Augen gestellt, die man nach dem von Goethe gefundenen Urphänomen erwarten mußte. Man lese nach, mit welch unwahrscheinlichen Begriffen und Hypothesen dagegen eine Newtonsche Physik diesen Erscheinungen beizukommen versucht!

Mit Recht konnte Goethe daher sagen, als die Professoren schon zu Goethes Zeiten ihre Schüler vor der Goetheschen Farbenlehre glaubten warnen zu müssen: „Es tut mir nur um manchen guten Schüler leid, mir selbst aber kann es völlig einerlei sein, denn meine Farbenlehre ist so alt wie die Welt und wird auf die Länge nicht zu verleugnen und auf die Seite zu bringen sein" (Goethe zu Eckermann, 18. März 1831). Freilich, daß sich der Newtonsche Irrtum noch so lange — 150 Jahre nach diesen Worten — halten würde, wäre auch Goethe schwer gefallen, für möglich zu halten. Um so mehr aber gilt es, für das Wahre auf diesem Gebiete auch heute sich kompromißlos einzusetzen und darauf hinzuweisen, wie aus seinen Prinzipien auch Phänomene erfaßbar werden, die ihm selbst noch unbekannt oder rätselhaft geblieben waren.

Greifen wir nun nach dieser speziellen Erörterung des Violett auf Goethes Hauptwerk „Zur Farbenlehre“ zurück, so finden wir dort vornehmlich in dem Abschnitt von den „physischen Farben“ die grundlegenden Ansichten Goethes über die wahre Natur der Entstehung alles Farbigen.

Bekannt ist ja wohl, daß Goethe auf Grund seiner ausführlichen prismatischen Experimente zu der Ansicht kam, daß die Newtonsche Anschauung von der Entstehung aller Farben aus dem Lichte allein (die auch heute noch bei unseren Zeitgenossen gilt) auf einem Irrtum und ungenauer Beobachtung beruht, wie andererseits auch auf der falschen Anschauung, welche die *Finsternis als den Gegenpol des Lichtes* völlig ignoriert und verkennt und daher auch nicht, wie Goethe es tut, als Mitgestalter bei der Entstehung des Farbigen anzuerkennen vermag.

In allerdeutlichster Weise hat *Rudolf Steiner* in seinem Buche „Goethes Weltanschauung“ (1. Auflage bereits 1897) auf diesen verhängnisvollen Umstand hingewiesen. Er sagte da: „Die Finsternis kann das Licht in seiner Wirkungskraft schwächen. Umgekehrt kann das Licht die Energie der Finsternis beschränken. In beiden Fällen entsteht die Farbe.“ Wir fügen hinzu, bezugnehmend auf Goethes ausführliche Experimente mit dem *Prisma:* Im ersteren Falle entstehen die Farben *gelb* und (gesteigert) *gelbrot*, im zweiten Falle die Farben *blau* und (gesteigert) *violett* oder *blaurot,* wobei wir uns gelb und blau als Ur- oder Grundfarben zu denken haben, gelbrot (orange) oder blaurot (violett) aber aus ihnen hervorgehend durch Steigerung, indem dieselben beide einen roten Farbton annehmen. Es ist hier nicht der Ort, im einzelnen zu begründen, wie Goethe diese nach polarem Aspekt gegliederte Farben (Doppel-Gruppierung) aus streng naturwissenschaftlicher Experimentierkunst herleitet. Wie sie in *völligem Widerspruch* zu der rein linear aneinandergereihten Newtonschen Farbskala der aus dem Licht allein abgeleiteten sieben Regenbogenfarben steht, ist aus Goethes Werk selbst deutlich zu entnehmen und wurde vom Verfasser auch selbst in der Schrift „Zur Entstehung der prismatischen Farben“ in allen Einzelheiten dargelegt. Wichtig mag hier nur noch die Folgerung Rudolf Steiners aus diesem Verkennen der Finsternis-Wirkung beim Entstehen der Farbe sein, wie sie bis jetzt und heute noch die ganzen physikalischen Anschauungen auf diesem naturwissenschaftlichen Gebiete durchzieht. Er sagt dort, anschließend an die zuvor zitierten Sätze: „Eine physikalische Anschauung, die sich die Finsternis als das vollkommen Unwirksame denkt, kann von einer solchen Wechselwirkung nicht sprechen. Sie *muß* daher die Farben allein aus dem Lichte herleiten."

Damit ist aber ein äußerst Gravierendes ausgesprochen. Denn man muß doch aus dieser Aussage unmittelbar folgern: „Da die Finsternis für die Beobachtung ebenso als Erscheinung auftritt wie das Licht", ist „das Dunkel in demselben Sinne Wahrnehmungsinhalt wie das Helle", und wenn Newton und die auf ihm bis heute basierende Farbenlehre die Hälfte eines realen Wahrnehmungsinhaltes bei ihren Erklärungen der Farbphänomene ignoriert, so kann nur eine Farbansicht zustande kommen, welche nicht mehr mit der Wirklichkeit übereinstimmt! Den Farbansichten Newtons und der Physik fehlt also als Grundlage eine genaue Bestandsaufnahme der vollen Wirklichkeit, da sie die eine Hälfte derselben auf ihrem Forschungsgebiete *ohne jeglichen plausiblen oder erkenntnistheoretisch vertretbaren Gesichtspunkt* ausklammert und so notwendig zu einer einseitigen und verzerrten Anschauung über das Farbenwesen kommen *muß*.

Folgen über Folgen irrtümlicher Art ergeben sich aber aus diesem *verkehrten Ausgangspunkt*. Drei der gravierendsten seien als Beispiele für viele nur *erwähnt:*

1. die falsche Ansicht, daß alle Farben schon im Lichte allein enthalten seien und das Prisma gleichsam nur zu deren Auseinanderwicklung diene (siehe die früher genannte Arbeit d. Verf.);
2. die falsche Ansicht, daß man folglich aus allen Farben durch Zusammenmischen wieder ein „Weiß" hervorbringen könne (siehe Heft 1 dieser Schriftenreihe), während sich in Wirklichkeit stets ein Grau ergibt;
3. das Nichterkennen der Purpur-Rot-Farbe in einem zum Lichtspalt-Spektrum polar gegliederten „Dunkelsteg-Spektrum" und damit die ganze polare Gliederung des Farbkreises anstatt eines einseitigen „Linearspektrums" (siehe „Purpur und Grün", eine Versuchsreihe von H. O. Proskauer, Heft 1).

In bezug auf all dies muß auf Goethe selbst und die angegebenen

Schriften hingewiesen werden. Hier mußte auf diese fundamentale Andersartigkeit Goethescher Farbansicht nur deswegen hingewiesen werden, weil auch jede Teilansicht Goethes über eine bestimmte Farbe, wie hier z. B. Violett, nur wirklich verstanden werden kann, wenn diese aus der Gesamtschau von Goethes Farbenlehre verstanden wird.

Und während wir es bei Goethe in der polaren Gliederung des Farbenwesens bei *Gelb* und *Gelbrot* mit der *Schwächung des Lichtes durch die Finsternis zu tun haben,* läßt sich eben das Gegenfarbenpaar *Blau* und *Violett* nur verstehen, wenn wir zu erkennen vermögen, daß wir es bei ihm um den Gegenakt, die *Beschränkung der Finsternis durch das Licht* zu tun haben.

Wir können sehen, wie bis in alle Einzelheiten hinein hieraus sich eine wirkliche *qualitative Erkenntnis* der Farbe Blau und besonders auch der Farbe Violett herleiten läßt, die allen naturwissenschaftlich-physikalischen wie auch sinnlich-sittlichen und künstlerischen Belangen gerecht werden kann, wie eine solche aber aus der in ihrem Ausgangspunkte schon verfehlten Farbanschauung Newtons niemals gewonnen werden kann.

In jenem Briefe an Schopenhauer finden sich aber noch zwei wichtige Aussagen zu der Farbe Violett, die ganz mit dem bisher von uns Erörterten harmonieren. Goethe sagt dort anschließend an das früher Angeführte mit Saussures Kyanometer:
„2. Man bereite ein ganz finsteres Zimmer vor, in dessen Türe eine weiße Blechtafel mit scharfgeränderter Öffnung angebracht ist, man betrachte diese von außen, und der leere Raum wird als ein schwarzer Gegenstand auf weißem Grunde erscheinen. Diesen sehe man *durchs Prisma an,* und das schönste Violett wird sichtbar werden, ohne daß denkbar sei, das finstere Zimmer werfe irgend Licht zurück."

Goethe bezieht sich hierbei auf seine Grundversuche, wo er eine weiße Fläche auf dunklem Grund und eine dunkle Fläche auf hellem Grunde durch das Prisma betrachtete. Bei dieser ursprünglich natürlichen Versuchsanordnung entsteht dann *kein Newtonsches Vollspektrum,* sondern *zwei polare Kantenspektren* mit Gelb-Gelbrot und Blau-Violett (Blaurot) an den Helldunkelrändern. Im

Falle des von Goethe beschriebenen Versuches entstehen beim Anschauen des dunklen Raumes durch das Loch in der weißen Blechtafel (bei nach abwärts brechendem Prisma) an der oberen Kante der Spalt-Öffnung die Farben Blau-*Violett!*

Oben also mündet das Violett (anschließend an das Blau) in das Schwarz des finsteren Zimmers, unten entringt sich diesem Dunkel das Gelbrot und hellt sich nach dem Gelb auf.

Am oberen Rand haben wir dasselbe Phänomen wie beim Hinausdringen in den Weltenraum mit den blauen und violetten Himmelsfarben, am unteren Rand aber das Gegenschauspiel: das Hervortreten des roten Sonnenballs in der Morgendämmerung unter Überwindung der Schatten der Nacht, bzw. das Versinken des Sonnenballs aus dem hellen Gelb über ein immer dunkleres Gelb- und Rubinrot in das Dunkel der Nacht. Wunderbar drückt das Goethe aus mit den Worten:

„Wenn der Blick in heitern Tagen
Sich zur Himmelsbläue lenkt,
Beim Siroc der Sonnenwagen
Purpurrot sich niedersenkt:
Da gebt der Natur die Ehre,
Froh, an Aug und Herz gesund,
Und erkennt der Farbenlehre
Allgemeinen ew'gen Grund."

Von den bei einem solchen Versuche erkannten Phänomen-Zusammenhängen bis zu dem Violett-Erlebnis der Weltraumfahrer spannt sich ein *gemeinsames geistiges Band:* die Idee des Urphänomens; so umfassend und doch immer wieder sich selbst gleich und treu ist die Natur. Dem Menschengeiste aber ist es allein möglich, dieses geistige Band wesensgleicher Phänomene aus der Flut der Einzelerscheinungen herauszulösen und es als die ihnen allen gemeinsame, sie alle verbindende Idee zu erkennen.

Und aus derselben Ideen-Übersicht, und demselben Urphänomen-Zusammenhang unterliegend, führt Goethe Schopenhauer gegenüber noch ein drittes Beispiel für die Bildung des Violett an:
„3. Besitze ich unter meinem Apparat eine bemalte Fensterscheibe, auf welche an gewissen Stellen die feinste Trübe leicht aufgetragen

ist, die bei durchfallendem Lichte ein vollkommenes Hellgelb, bei durchwirkender Finsternis aber das herrlichste Violett sehen läßt. Man mag diesen Versuch vor einem schwarzen Hute oder vor jener finsteren Öffnung des gemeldeten Zimmers anstellen.“ [3]

Goethe überzeugt sich also durch all diese Phänomene immer wieder von der *bestimmt gearteten Stellung des Violett in der Farbenreihe: Violett* entsteht dann, wenn sich vor eine entschiedene Dunkelheit eine äußerst feine durchsichtige *Helligkeitstrübe* schiebt, die *dynamisch mit dieser Dunkelheit zusammenwirkend* das Blau, das entstehen will (aber durch die mächtige Kraft der Dunkelheit nicht entstehen kann), in der Vorstufe des *Blaurot* erscheinen läßt. Von hier aus können wir dann auch Rudolf Steiners Charakterisierung des Violett verstehen, wie wir sie in seinem schon erwähnten Buche „Goethes Weltanschauung“ vorfinden: „Vermindert sich die Trübe, durch die das Dunkel dringt, so geht das Blau in Indigo und zuletzt in Violett über“, und: *„Das Violett ist das zum Hellen strebende Blau.“* Dabei ist noch hinzuzufügen, daß Goethe den Rot-Ton, den sowohl die gelbe wie die blaue Farbe annehmen können, indem sie sich zu Gelbrot (Orange) oder zu Blaurot (Violett) steigern, zunächst nicht als eine eigene Farbe ansieht, sondern als einen Zustand, wie er es ausdrückt: „Rot steht weder dem Gelben noch dem Blauen entgegen, es entsteht vielmehr aus ihnen, es ist ein Zustand, in den sie versetzt werden können, und zwar, wie wir hier vorläufig sehen, durch Verdichtung ihrer Teile“ (aus „Versuch, die Elemente der Farbenlehre zu entdecken“, 1794) [4]. Und in dem ersten Vorläufer zur Farbenlehre (in den „Beiträgen zur Chromatik“, 1791) finden wir diese besondere Natur des Rot schon in derselben Art angesprochen in dem § 31. Dort heißt es: „Dagegen kennen wir die rote Farbe nie in einem ganz reinen Zustande; denn wir finden, daß sie sich entweder zum Gelben oder zum Blauen hinneigt.“ Rudolf Steiner fügt als Fußnote zu diesem § 31 noch Goethes Ansicht verdeutlichend hinzu: „Deshalb ist Rot für Goethe nur ein Zustand des Gelben und Blauen, in dem dieselben erscheinen, und nicht eine ursprüngliche Elementarfarbe.

Erst wenn sich das Gelbrote und das Blaurote zum Hochrot vereinigen, also eine Kulmination aus beiden Rot-Erscheinungen sich bildet, ergibt sich das Purpur, das *eigentliche Rot als Farbe* sozusagen. Die „Zustände des Rot“, am Gelben und Blauen erscheinend, manifestieren sich im *Purpur* erst als die wirklich rein als Rot anzusprechende Farbe, in der sowohl das Hinneigen zum aktiven Gelb wie zum passiven Blau ausgeglichen, daher aufgehoben ist. So kann Rudolf Steiner sagen (in dem Buche „Goethes Weltanschauung“): „Das reine Rot“ — gemeint ist das Purpurrot, etwa Karminrot — „steht in der Mitte zwischen Gelbrot und Blaurot. Das Stürmische des Gelben scheint gemildert, die lässige Ruhe des Blauen belebt sich. Das Rote macht den Eindruck der idealen Befriedigung, der Ausgleichung der Gegensätze.“

Gehen wir von diesen Ausführungen von dem idealen Rot zu der uns hauptsächlich interessierenden Farbe Violett zurück, so können wir sie nunmehr noch anders charakterisieren, aber dennoch übereinstimmend mit all dem bisher Gesagten.

Im Violett ist die Ruhe des Blau — ein Ausdruck der *Abflachung der Finsternis* durch das Trübe, die „Erhellungszone“ — nicht voll zu Ende gekommen. *Das Violett ist erst auf dem Wege zum Blau.* Daher lebt in ihm Unruhe, Bewegung, Sehnsucht nach einem noch nicht Erreichten. Andererseits lebt in ihm das Hinstreben zur Gegenseite der Farbenskala, dem Gelbroten, und das Streben zum Ausgleich, zum Harmonisieren mit diesem im Purpur (siehe den Farbenkreis auf dem Heftdeckel).

Wir können, beide Aspekte zusammenfassend, aber auch sagen: Das Violett ist die letzte Übergangsfarbe zur geheimnisvollen Dunkelheit, in die es sich hineinverliert (Weltraumerlebnis), oder aber es ist der eine Pfeiler der „Lichtbrücke“, die sich über die Dunkelheit hinüberspannt, wenn ihr, gleichsam vom anderen Ufer, der Pfeiler des Gelbrot sich entgegenstreckt. Dann verschwindet sein vom Blau ausgehender Rot-Schein nicht im absoluten Dunkel, sondern er verbindet sich mit dem vom Gelb ausgehenden Rotschein im „reinen Rot“, das sich wie eine Geistesbrücke über die Dunkelheit spannt.

Daß dies so ist, wurde Goethe am tiefsten offenbar, als er einen schmalen Dunkelstreifen zwischen zwei Helligkeitszonen durch ein Prisma betrachtete und dabei beobachtete, wie sich das *Violett (Blaurot),* das sich am oberen Rande (an das Blau anschließend) bildete, mit dem *Gelbrot* (an das Gelb am unteren Rande anschließend) *über die Dunkelheit hinweg* zum leuchtenden Pfirsichblüt verband, der Farbe, die Newton völlig unverständlich bleiben mußte, da sie sich bei der angeblichen „Zerlegung des Lichtes“ gar nicht bilden kann.

So sind wir uns also der Grenznatur des Violetten bewußt, aus der sich auch ihr Wirken auf die Empfindungen des Menschen verstehen läßt. Indem Goethe im VI. Abschnitt seiner Farbenlehre über die „sinnlich-sittlichen Wirkungen“ der Farben spricht, schließt er dieses Kapitel aufs engste an an die naturwissenschaftlich ihm offenbar gewordene Stellung der Farben in ihrer Beziehung zu Helligkeit und Dunkelheit, Licht und Finsternis, wie wir es in diesem Aufsatz an der Frage der Natur des Violett versucht haben.

So möge die Darstellung Goethes der eigentlich *sinnlich-sittlichen Natur der Farbe Violett* noch angeführt werden. Hier finden wir in den §§ 786—791 über das Violett unter der Überschrift *Rotblau* und *Blaurot* das Folgende ausgesprochen. Es sei uns erlaubt, dies vollständig anzuführen, um damit zugleich einen Eindruck von der Feinfühligkeit und Vielseitigkeit Goethescher Forschungstätigkeit bis hinein in das Gebiet der Farbenpsychologie zu geben, sind doch diese Zeugnisse Goetheschen Geistes längst nicht so bekannt, wie sie es verdienten.

Rotblau

§ 786. Wie wir das Gelbe sehr bald in einer Steigerung befunden haben, so bemerken wir auch bei dem Blauen dieselbe Eigenschaft.
§ 787. Das Blaue steigert sich sehr sanft ins Rote und erhält dadurch etwas Wirksames, ob es sich gleich auf der passiven Seite befindet. Sein Reiz ist aber von ganz anderer Art als der des Rotgelben. Er belebt nicht sowohl, als daß er unruhig macht.
§ 788. So wie die Steigerung selbst unaufhaltsam ist, so wünscht man auch mit dieser Farbe immer fortzugehen, nicht aber, wie beim Rotgelben, immer tätig vorwärts zu schreiten, sondern einen Punkt zu finden, wo man ausruhen könnte.
§ 789. Sehr verdünnt kennen wir die Farbe unter dem Namen Lila; aber auch so hat sie etwas Lebhaftes ohne Fröhlichkeit.“

§ 790. Jene Unruhe nimmt bei der weiteren Steigerung zu, und man kann wohl behaupten, daß eine Tapete von einem ganz reinen gesättigten Blaurot eine Art von unerträglicher Gegenwart sein müsse. Deswegen es auch, wenn es an Kleidung, Band oder sonstiger Zierat vorkommt, sehr verdünnt und hell angewendet wird, da es denn seiner bezeichneten Natur nach einen ganz besonderen Reiz ausübt.

§ 791. Indem die hohe Geistlichkeit diese unruhige Farbe sich angeeignet hat, so dürfte man wohl sagen, daß sie auf den unruhigen Staffeln einer immer vordringenden Steigerung unaufhaltsam zu dem Kardinalpurpur hinaufstrebe."

Man möchte hinzufügen, daß das Unruhige der Farbe Violett auch den tieferen Sinn eines *Suchens nach einem noch Verborgenen, noch im Dunkel liegenden Geheimnisvollen* auszudrücken vermag.

Nietzsche sagte das Wort: „Die Welt ist tief und tiefer als der Tag gedacht", und Shakespeare sprach seine Überzeugung dahin aus, daß es manches gäbe, was dem nur aufs äußerlich Offenbare Gehenden für immer verborgen bleiben müsse: „Es gibt mehr Dinge zwischen Himmel und Erde, als euere Schulweisheit sich träumen läßt." — Und so wäre denn Violett die Farbe der inneren Vertiefung, ja der echten Mystik, die auf die noch im Seelendunkel verborgenen Weisheiten ihren inneren Sinn wendet. *Violett leitet als Farbe zu dem im Dunkel Verborgenen, das aber doch höhere Wirklichkeit sein kann,* hin (siehe auch die „Eurythmiefigur" für die Seelenstimmung *„Andacht"* von Rudolf Steiner).

Wie schön stimmt dazu — das mag abschließend gesagt werden —, wenn als erstes ein Veilchen den Frühling ankündigt und mit seinem sanften Blaurot oder Rotblau noch auf das Erdendunkel deutet, dem es sich mit seinem ersten Lichtesstreben entrungen hat.

Wie dem auch sei, keiner wird bei ruhigem Besinnen sich dem eigenartigen Zauber dieser Farbe entziehen können, die, wie Goethe so bedeutsam sagt, nicht eigentlich wie das Gelb, Orange oder Rot zu äußerer Tätigkeit anregt, „sondern einen Punkt zu finden, wo man ausruhen könnte", — oder, sagen wir es auf diese Weise: wo man durch innere Besinnung, durch innere Versenkung zu den Quellen des Geistes gelangen kann, die eine höhere Ruhe, einen tieferen Frieden vermitteln, als ihn die äußere farbenfrohe Tageswelt uns zu geben vermag.

Lassen wir hier die Betrachtung ausklingen, die ja an sich nur eine hinweisende, keine abschließende sein kann. Aber bedenken wir auch, wie von dem Erscheinen des Violett in seiner reinsten Form, am äußeren Saum des *in die Dunkelheit sich verlierenden einen Kantenspektrums* sich ein innerlich tragender Gedankenpfad erstreckt bis hin zur Erkenntnis der eigenartigen Wirkung des Violett auf die Menschenseele. Es kann damit hingewiesen werden auf die besondere Artung Goethescher Naturwissenschaft, die bestrebt ist, „von dem Ziegelstein, der dem Dach entfällt, bis zu dem leuchtenden Geistesblitz, der dir aufgeht", doch innerlich Zusammenhängendes und nirgends „Isoliertes", von der Gesamtnatur Abgetrenntes und Zufälliges zu sehen. Dies aber macht das tief Befriedigende der Goetheschen Naturwissenschaft aus, daß sie in dem Gedanken der Metamorphose so vieles zu umschließen vermag und in den verschiedenartigsten Modifikationen das Wesen einer Erscheinung zu ergründen versucht. So vermag auch die Farbe Violett vielleicht ihr tiefstes Wesen am meisten erkannt sehen, wenn sie die Farbe abgibt für die Stimmung einer tätig meditierenden, nach dem Geiste suchenden, verlangenden Menschenseele.

Anmerkungen

[1] Siehe auch H. O. Proskauer: Zum Studium von Goethes Farbenlehre, S. 105 ff.

[2] Siehe auch H. O. Proskauer: Hundertfünfzig Jahre Goethes Farbenlehre und die Fruchtbarkeit ihrer Prinzipien zum Verständnis entdeckter Farbphänomene, S. 5 ff.

[3] Im „Goethe-Farbenstudio", Dornach/Schweiz, ist eine „Trübefolie" erhältlich, die das Phänomen in schönster Weise zeigt. H. O. P.

[4] Goethe, Farbenlehre. 3bändige Kassetten-Ausgabe, Stuttgart 1979, Bd. 2.

PETER STEBBING

Zeichnung zum Urphänomen

Die hier dargestellte Zeichnung soll so einfach wie möglich, mit Hilfe von etwas Geometrie, demonstrieren, wie Licht und Finsternis im Verhältnis zu der Atmosphäre stehen müssen, um die Farben des Himmels, sowie von Sonnenauf- und Sonnenuntergang, im Sinne von Goethes Farbenlehre zu erzeugen:
Licht durch ein abdunkelndes trübes Mittel gesehen: Gelb
Dunkelheit durch ein aufhellendes trübes Mittel gesehen: Blau.

Wir erkennen die Polarität dieses Grundphänomenes in seiner Genauigkeit, indem wir einsehen, wie die Tiefe der Atmosphäre (welche immer als ein wenig „trüb" zu denken ist) größer bzw. dichter zu werden hat gegenüber der Sonne als farblose Lichtquelle, wenn sich Gelb zu Orange und Rot steigern soll; wohingegen eine *Abnahme* der Menge von Luft gegenüber der Dunkelheit notwendig ist, wenn die Erscheinung von Blau sich steigern soll zu einem Blauviolett oder Violett (siehe Diagramm). Also kann die Luftverschmutzung (gesteigerte Trübe) in den Industrie-Städten Anlaß sein für die eindrucksvollsten, tief roten Sonnenuntergänge; aber andererseits müssen wir auf einen hohen Berg steigen oder eine Flugzeugreise machen, um Zeuge zu sein vom Übergang des sonst blauen Himmels jenseits von Ultramarin oder Blauviolett, zu einer noch violettlicheren Farbe (dann ist weniger Luft — oder jedenfalls Luft einer dünneren und verfeinerteren Art — vorhanden zwischen uns und der Finsternis des Raumes). Es wird von Theo Löbsack geschildert in dem Buch „Der Atem der Erde", wie der Himmel, 9000 m hoch über der Erde, dunkel-, tiefviolett erscheint. Auf ähnliche Weise wird eine sehr feine, halb lichtdurchlassende, farblose Substanz, wie zum Beispiel eine Schicht von echtem Opal, gegen das Licht gehalten, ein zartes Gelb erzeugen und, vor einem schwarzen Hintergrund, ein lebhaftes Violett.

Gerade bei den atmosphärischen Erscheinungen kommt das „Urphänomen" in einem großartigen — einem kosmischen Ausmaß —

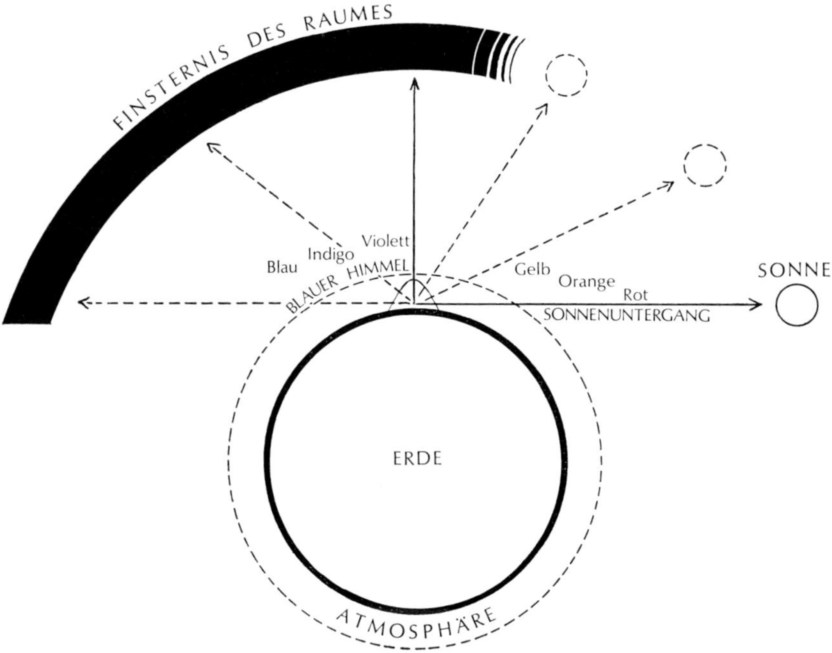

zum Ausdruck. In den letzten Jahren haben die Astronauten bestätigende Beschreibungen zurückgebracht, wonach der Himmel übergeht in eine allgemeine Schwärze, indem die Atmosphäre der Erde verlassen wird, und wie, gleichzeitig, die Erde selbst, vom Außenraum gesehen, durch ihre umhüllende Atmosphäre angeschaut, zum größten Teil blau erscheint. Die Erde wird deshalb der „blaue Planet" genannt.

Das hier vorliegende Grundgesetz, so schlicht und doch so schwer zu begreifen, ist etwas, was wir erst allmählich, anhand von konkreten Fällen, immer intimer kennenzulernen haben. Der Weg, den Goethe einschlägt, ist einerseits ein Weg des Denkens, aber andererseits nicht weniger auch des immer wieder erneuten Beobachtens. Diejenigen, die diesen Weg vermeiden und, anstatt ihn zu gehen, weitere Erklärungen suchen (z. B. durch eine Theorie der molekularen Struktur des Mittels usw.), sind, nach Goethe, „den Kindern ähnlich, die, wenn sie in einen Spiegel geguckt, ihn sogleich umwenden, um zu sehen, was auf der anderen Seite ist."

Literatur zu Goethes Farbenlehre

J. W. Goethe: „Farbenlehre“ mit Einleitungen und Erläuterungen von R. Steiner. 3 Bände in Kassette, 896 Seiten, 20 Seiten Farbtafeln. Stuttgart 1979, [2]1980.

— „Entoptische Farben“ (Polarisationserscheinungen), Separatdruck aus obigem. Basel [2]1970.

André Bjerke: „Neue Beiträge zu Goethes Farbenlehre“, 88 Seiten mit 41 z. T. farbigen Tafeln. Stuttgart 1963.

Hilde Boos-Hamburger: „Die schöpferische Kraft der Farbe. Ein Studiengang zum Impuls Rudolf Steiners zu einer neuen Kunst der Farbengestaltung“, 72 Seiten mit 8 Abbildungen. Basel [3]1979.

Arnold Brass: „Untersuchungen über das Licht und die Farben“, 210 Seiten (nur durch das Goethe-Farbenstudio zu beziehen).

Fritz Lobeck: „Farben anders gesehen“, 126 Seiten. Basel 1954.

Gerhard Ott: „Die Herleitung der Linienspektren des Quecksilbers und des Heliums, nach den Forschungsmethoden Goethes“, 32 Seiten, 4 Tafeln.

— „Zur Entstehung der prismatischen Farben“ und „Zum Verständnis der Farbmischung im Sinne Goethes“, 111 Seiten. Basel 1965.

— „Goethe, Eckermann und die farbigen Schatten“, 20 Seiten.

— „Goethes Farbenkreis als Wahrbild der Wirksamkeit des Farbigen in der Natur“, 20 Seiten.

— „Grundriß einer Chemie nach phänomenologischer Methode, Anregung für Unterricht und Selbststudium“, Bd. I, 248 Seiten, Basel 1960; Bd. II, 224 Seiten, Basel 1962.

H. O. Proskauer: „Zum Studium von Goethes Farbenlehre“, mit Prisma und Farbtafeln, 115 Seiten, einführend in die Grundkapitel, 116 Seiten. Basel [3]1977.

— „150 Jahre Goethes Farbenlehre und die Fruchtbarkeit ihrer Prinzipien zum Verständnis neuentdeckter Farbphänomene“ (Der Versuch von E. H. Land, USA), Separatdruck.

— „Sehsinn und Bewegungssinn beim malerischen Gestalten“, Separatdruck mit Abbildungen.

V. u. W. Scharnowell: „Von Newton zu Goethe“, Beiträge zur Entwicklungsgeschichte der Naturerkenntnis, 90 Seiten, 16 farbige Abbildungen und 10 Zeichnungen. Basel 1973.

Gerhard Ott u. *H. O. Proskauer:* „Das Rätsel des farbigen Schattens, Versuch einer Lösung“, 120 Seiten. Basel 1979.